| 職業訓練の種類 | 普通職業訓練 |
| --- | --- |
| 訓練課程の種類 | 短期課程 一級技能士コース |
| 改定承認年月日 | 平成12年9月19日 |
| 教材認定番号 | 第58410号 |

# 二級技能士コース
# 機械・プラント製図科

## 〈指 導 書〉

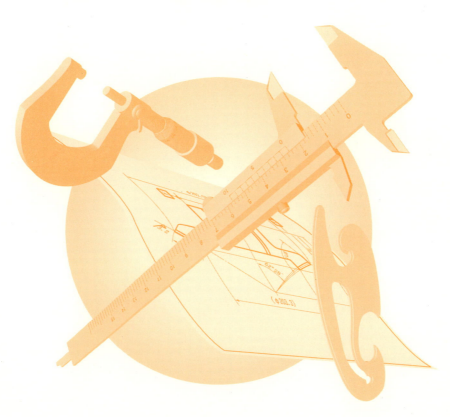

雇用・能力開発機構
職業能力開発総合大学校　能力開発研究センター編

# は　し　が　き

　この指導書は二級技能士コース「機械・プラント製図科」の訓練を受けるかたがたが使用する教科書の学習にあたって，その内容を容易に理解することができるように，学習の指針として編集したものである。

　したがって，受講者が自学自習するにあたり，まずこの指導書により学習しようとするところの「学習の目標」及び「学習のねらい」をよく理解したうえで教科書の学習を進めることにより，学習効果を一層高めることができる。また，教科書の中で理解しにくいところについては「学習の手びき」に記載してある。

　なお，この指導書の作成にあたっては，次のかたがたに作成委員としてご援助をいただいたものであり，その労に対し深く謝意を表する次第である。

　　作成委員（平成2年9月）　　　　（五十音順）
　　　　池　田　興　一　　日本電気工業技術短期大学校
　　　　河　原　久　忠　　（元）職業訓練研究センター
　　　　公　平　富　市　　（元）東京職業訓練短期大学校
　　　　小　山　芳治郎　　（元）職業訓練大学校
　　　　　　　　　　　　　（作成委員の所属は執筆当時のものです。）

　　改定委員（平成12年10月）　　　（五十音順）
　　　　大　谷　　　昇　　職業能力開発総合大学校
　　　　河　原　久　忠　　（元）職業能力開発大学校
　　　　公　平　富　市　　（元）東京職業能力開発短期大学校
　　　　村　上　正　也　　（元）月島プラント工事（株）

　　監修委員
　　　　大　谷　　　昇　　職業能力開発総合大学校

　平成12年10月

　　　　　　雇用・能力開発機構
　　　　　　職業能力開発総合大学校 能力開発研究センター

# 指導書の使い方

　この指導書は，次のような学習指針に基づき構成されているので，この順序にしたがった使い方をすることにより，学習を容易にすることができる。

1．学習の目標

　　学習の目標は，教科書の各編（科目）の章ごとに，その章で学ぶことがらの目標を示したものである。

　　したがって，受講者は学習の始めにまず，その章の学習の目標をしっかりつかむことが必要である。

2．学習のねらい

　　学習のねらいは，学習の目標に到達するために教科書の各章の節ごとにこれを設け，その節で学ぶ内容について主眼となるような点を明らかにしたものである。

　　したがって，受講者は学習の目標のつぎに学習のねらいによって，その節でどのようなことがらを学習するかを知ることが必要である。

3．学習の手びき

　　学習の手びきは，受講者が学習の目標や学習のねらいをしっかりつかんで教科書の章および節の学習内容について自学自習する場合に，その内容のうち理解しにくい点や疑問の点，あるいはすでに学習したことの関係などわかりにくいことを解決するため，教科書の各章の節ごとに設け，学習しやすいようにしたものである。

　　したがって，受講者はこれを利用することによって，教科書の学習内容を深く理解することが必要である。

　　ただし，教科書だけの学習で理解ができる内容については，学習の手びきを省略したものもある。

4．学習のまとめ

　　学習のまとめは，受講者が学習事項を最後にまとめることができるように教科書の各章ごとに設けたものである。したがって，受講者はこれによって，その章で学んだことが，確実に理解できたか，疑問の点はないか，考え違いや見落としたものはないか，などを自分で反省しながら学習内容をまとめることが必要である。

5．学習の順序

　教科書およびこの書を利用して学習する順序をまとめてみると，つぎのとおりになる。

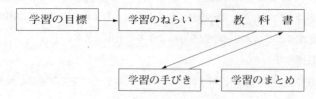

# 【教科書　指導書編】

# 目　　次

## 第1編　製図一般

第1章　製図に関する日本工業規格 ・・・・・・・・・・・・・・・・・・・・・・・・・・・・・・・・・・・・・・・ 3
　第1節　製図規格 ・・・・・・・・・・・・・・・・・・・・・・・・・・・・・・・・・・・・・・・・・・・・・・・・・ 4
　第2節　製図総則 ・・・・・・・・・・・・・・・・・・・・・・・・・・・・・・・・・・・・・・・・・・・・・・・・・ 4
　第3節　製図用語 ・・・・・・・・・・・・・・・・・・・・・・・・・・・・・・・・・・・・・・・・・・・・・・・・・ 4
　第4節　製図用紙のサイズおよび図面の様式 ・・・・・・・・・・・・・・・・・・・・・・・ 5
　第5節　線の基本原則 ・・・・・・・・・・・・・・・・・・・・・・・・・・・・・・・・・・・・・・・・・・・ 5
　第6節　製図に用いる文字 ・・・・・・・・・・・・・・・・・・・・・・・・・・・・・・・・・・・・・・ 6
　第7節　製図に用いる尺度 ・・・・・・・・・・・・・・・・・・・・・・・・・・・・・・・・・・・・・・ 6
　第8節　製図に用いる投影法 ・・・・・・・・・・・・・・・・・・・・・・・・・・・・・・・・・・・・ 7
第2章　製図における図形の表し方の原則 ・・・・・・・・・・・・・・・・・・・・・・・・・・ 8
　第1節　投影図の示し方 ・・・・・・・・・・・・・・・・・・・・・・・・・・・・・・・・・・・・・・・・ 8
　第2節　断面図の示し方 ・・・・・・・・・・・・・・・・・・・・・・・・・・・・・・・・・・・・・・・・ 8
　第3節　特別な図示方法 ・・・・・・・・・・・・・・・・・・・・・・・・・・・・・・・・・・・・・・・・ 9
第3章　製図における寸法記入方法 ・・・・・・・・・・・・・・・・・・・・・・・・・・・・・・・ 11
　第1節　寸法記入の一般原則 ・・・・・・・・・・・・・・・・・・・・・・・・・・・・・・・・・・・ 11
　第2節　寸法記入方法 ・・・・・・・・・・・・・・・・・・・・・・・・・・・・・・・・・・・・・・・・・ 11
第4章　製図に必要な記号 ・・・・・・・・・・・・・・・・・・・・・・・・・・・・・・・・・・・・・・・ 13
　第1節　溶接記号 ・・・・・・・・・・・・・・・・・・・・・・・・・・・・・・・・・・・・・・・・・・・・・ 13
　第2節　配管の簡略図示方法 ・・・・・・・・・・・・・・・・・・・・・・・・・・・・・・・・・・・ 13
　第3節　材料記号 ・・・・・・・・・・・・・・・・・・・・・・・・・・・・・・・・・・・・・・・・・・・・・ 14
第5章　製図用機器 ・・・・・・・・・・・・・・・・・・・・・・・・・・・・・・・・・・・・・・・・・・・・・ 15
　第1節　製図器具 ・・・・・・・・・・・・・・・・・・・・・・・・・・・・・・・・・・・・・・・・・・・・・ 15
　第2節　製図用設備 ・・・・・・・・・・・・・・・・・・・・・・・・・・・・・・・・・・・・・・・・・・・ 15

第6章　用器画法 ································································ 17
　第1節　平面図形 ······························································ 17
　第2節　立体図形 ······························································ 17
第7章　CAD用語 ································································ 21
　第1節　CAD／CAMシステム導入の背景 ················· 21
　第2節　CADシステムの目的 ··················································· 21
　第3節　CADシステムを構成する機器 ··················· 22
　第4節　CADシステムの機能 ··················································· 22

## 第2編　機械工作法一般

第1章　溶　　接 ································································ 25
　第1節　溶接の特徴と溶接法の分類 ··················· 25
　第2節　溶接の方法と用途 ···················································· 26
　第3節　溶接作業の熱影響と防止および是正方法 ··················· 26
　第4節　溶　　断 ······························································ 27
　第5節　ろう付けの種類および用途 ··················· 27
第2章　表面処理 ································································ 29
　第1節　防せいの方法と用途 ··················································· 29
　第2節　酸洗いと洗浄 ·························································· 29

## 第3編　材　　　料

第1章　金属材料 ································································ 31
　第1節　鋳鉄と鋳鋼 ···························································· 31
　第2節　炭素鋼と合金鋼および特殊用途鋼 ··················· 32
　第3節　銅と銅合金 ···························································· 32
　第4節　アルミニウムとアルミニウム合金 ··················· 32
第2章　金属材料の性質 ························································· 34
　第1節　引張強さ ······························································ 34

第2節　降伏点および耐力 ･････････････････････････････････････････ 34
　第3節　伸びおよび絞り ･････････････････････････････････････････････ 34
　第4節　延性および展性 ･････････････････････････････････････････････ 35
　第5節　硬　　さ ･･･････････････････････････････････････････････････････ 35
　第6節　加工硬化 ･･･････････････････････････････････････････････････････ 35
　第7節　もろさおよび粘り強さ ･･････････････････････････････････ 36
　第8節　疲れ強さ ･･･････････････････････････････････････････････････････ 36
　第9節　熱膨張 ･････････････････････････････････････････････････････････ 36
　第10節　熱伝導 ･････････････････････････････････････････････････････････ 36
　第11節　電気伝導 ･･･････････････････････････････････････････････････････ 37
　第12節　比　　重 ･･･････････････････････････････････････････････････････ 37
第3章　金属材料の熱処理 ･･････････････････････････････････････････････ 39
　第1節　焼入れ ･････････････････････････････････････････････････････････ 39
　第2節　焼もどし ･･･････････････････････････････････････････････････････ 39
　第3節　焼なまし ･･･････････････････････････････････････････････････････ 39
　第4節　焼ならし ･･･････････････････････････････････････････････････････ 40
　第5節　表面硬化処理 ･････････････････････････････････････････････････ 40
第4章　非金属材料 ･･･････････････････････････････････････････････････････ 42
　第1節　合成樹脂 ･･･････････････････････････････････････････････････････ 42
　第2節　ゴ　　ム ･･･････････････････････････････････････････････････････ 42
　第3節　木　　材 ･･･････････････････････････････････････････････････････ 43
　第4節　コンクリート ･････････････････････････････････････････････････ 43
　第5節　接着剤 ･････････････････････････････････････････････････････････ 43
　第6節　油脂類 ･････････････････････････････････････････････････････････ 44

# 第4編　材料力学

第1章　荷重, 応力およびひずみ ････････････････････････････････････ 45
　第1節　荷重と応力 ･････････････････････････････････････････････････････ 45
　第2節　応力とひずみの関係 ･･･････････････････････････････････････ 47

第3節　応力集中 ································································ 47
　　第4節　安　全　率 ······························································ 47
第2章　は　　　り ·································································· 49
　　第1節　はりの種類と荷重 ······················································ 49
　　第2節　はりに働く力のつりあい ·············································· 49
　　第3節　せん断力図と曲げモーメント図 ······································· 50
　　第4節　はりに生ずる応力 ······················································ 50
　　第5節　はりのたわみ ··························································· 51
第3章　軸 ············································································ 52
　　第1節　軸のねじり ······························································ 52
　　第2節　ねじり応力の算出 ······················································ 52
第4章　柱 ············································································ 54
　　第1節　柱の座屈 ································································ 54
　　第2節　柱の強さ ································································ 54
第5章　圧力容器 ···································································· 56
　　第1節　内圧を受ける薄肉円筒 ················································· 56
　　第2節　内圧を受ける薄肉球かく ·············································· 56
第6章　熱　応　力 ·································································· 58
　　第1節　熱　応　力 ······························································ 58
　　第2節　伸びおよび縮みを拘束したときの熱応力 ··························· 58
　　第3節　組合せ部材の熱応力 ··················································· 58

# 第5編　力　　　学

第1章　静　力　学 ·································································· 61
　　第1節　力の合成と分解 ························································· 61
　　第2節　力のモーメント ························································· 62
　　第3節　力のつりあい ··························································· 62
　　第4節　偶力とそのモーメント ················································· 62
第2章　重心と慣性モーメント ···················································· 64

 第1節　重　心･････････････････････････････････････････64
 第2節　慣性モーメント･･････････････････････････････････64
第3章　運　動････････････････････････････････････････････66
 第1節　質点の運動････････････････････････････････････66
 第2節　運動の法則････････････････････････････････････66
 第3節　円 運 動･･････････････････････････････････････67
 第4節　運動量と力積･･････････････････････････････････67
第4章　仕事，動力およびエネルギー････････････････････････69
 第1節　仕事と動力････････････････････････････････････69
 第2節　エネルギー････････････････････････････････････69
第5章　摩　擦････････････････････････････････････････････71
 第1節　摩　擦･･････････････････････････････････････････71
第6章　機械振動･･････････････････････････････････････････72
 第1節　単振動････････････････････････････････････････72

## 第6編　流体の基礎

第1章　流体の性質････････････････････････････････････････75
 第1節　圧　力････････････････････････････････････････75
 第2節　流路および流体抵抗････････････････････････････75
 第3節　流体中の物体抵抗･･････････････････････････････76
 第4節　翼と揚力･･････････････････････････････････････76
 第5節　流速および流量の測定･･････････････････････････76

## 第7編　熱の基礎

第1章　熱････････････････････････････････････････････････79
 第1節　温　度････････････････････････････････････････79
 第2節　融点と沸点････････････････････････････････････79
 第3節　熱 膨 張･････････････････････････････････････80

第4節　熱の単位 ……………………………………………… 80
第5節　熱の伝わり方 …………………………………………… 81
第6節　各種材料の熱的性質 …………………………………… 81

# 第8編　電気の基礎

第1章　電気用語 ………………………………………………… 83
　第1節　電　　流 ……………………………………………… 83
　第2節　電　　圧 ……………………………………………… 83
　第3節　電気抵抗 ……………………………………………… 84
　第4節　電　　力 ……………………………………………… 84
　第5節　効　　率 ……………………………………………… 84

【選択　指導書編】

# 目　次

## 第1編　機械要素

第1章　ねじおよびねじ部品……………………………89
　第1節　ねじの原理……………………………………89
　第2節　ねじ山の種類と用途…………………………90
　第3節　ねじ部品………………………………………90
　第4節　座　金…………………………………………91
第2章　締結用部品………………………………………92
　第1節　キ　ー…………………………………………92
　第2節　ピ　ン…………………………………………92
　第3節　止め輪…………………………………………93
　第4節　リベット………………………………………93
　第5節　軸と穴の結合方法……………………………93
第3章　伝動用部品………………………………………95
　第1節　軸………………………………………………95
　第2節　軸継手…………………………………………95
　第3節　クラッチおよび制動機構……………………96
　第4節　摩擦車…………………………………………96
　第5節　流体継手………………………………………96
　第6節　ベルトおよびベルト車………………………97
　第7節　チェーンおよびスプロケット………………97
　第8節　カ　ム…………………………………………97
　第9節　リンク機構……………………………………98
第4章　軸　受……………………………………………99
　第1節　滑り軸受………………………………………99

第2節　転がり軸受……………………………………………………99
第5章　歯　　車…………………………………………………………101
　第1節　歯車の種類……………………………………………………101
　第2節　歯車各部の名称………………………………………………101
　第3節　歯車の歯形……………………………………………………102
　第4節　歯形の修整……………………………………………………102
　第5節　歯車装置………………………………………………………102
第6章　ば　　ね…………………………………………………………104
　第1節　ばねの種類と用途……………………………………………104
　第2節　ばねの力学……………………………………………………104
　第3節　ばねの設計基準………………………………………………105
第7章　配管用品…………………………………………………………106
　第1節　管………………………………………………………………106
　第2節　管 継 手………………………………………………………106
　第3節　バルブおよびコック…………………………………………107
　第4節　ガスケットおよびシール材…………………………………107
第8章　潤滑および密封装置……………………………………………109
　第1節　潤滑と摩擦……………………………………………………109
　第2節　潤 滑 剤………………………………………………………109
　第3節　密封装置と密封用品…………………………………………110

# 第2編　機械工作法

第1章　鋳造作業…………………………………………………………111
　第1節　鋳 造 法………………………………………………………111
　第2節　鋳物部品の設計製図上の留意事項…………………………112
第2章　板金作業と手仕上げ作業………………………………………113
　第1節　板金作業………………………………………………………113
　第2節　手仕上げ作業…………………………………………………113
　第3節　板金および手仕上げ作業用工具……………………………114

- 第3章　塑性加工 ……………………………………………………… 115
  - 第1節　鍛　造 ………………………………………………………… 115
  - 第2節　圧延加工 ……………………………………………………… 115
  - 第3節　引抜き加工 …………………………………………………… 116
  - 第4節　押出し加工 …………………………………………………… 116
  - 第5節　プレス加工 …………………………………………………… 116
  - 第6節　転　造 ………………………………………………………… 116
  - 第7節　圧　造 ………………………………………………………… 117
- 第4章　工作機械 ………………………………………………………… 118
  - 第1節　工作機械一般 ………………………………………………… 118
  - 第2節　各種工作機械 ………………………………………………… 118
  - 第3節　機械加工と設計製図上の留意事項 ………………………… 119
- 第5章　工作測定 ………………………………………………………… 121
  - 第1節　測定および検査 ……………………………………………… 121
  - 第2節　測　定　器 …………………………………………………… 121
  - 第3節　測定方法 ……………………………………………………… 122

## 第3編　材 料 試 験

- 第1章　機械試験 ………………………………………………………… 123
  - 第1節　引張試験方法 ………………………………………………… 123
  - 第2節　曲げ試験方法 ………………………………………………… 123
  - 第3節　硬さ試験方法 ………………………………………………… 124
  - 第4節　衝撃試験方法 ………………………………………………… 124
- 第2章　非破壊試験方法 ………………………………………………… 126
  - 第1節　超音波探傷試験方法 ………………………………………… 126
  - 第2節　磁粉探傷試験方法 …………………………………………… 126
  - 第3節　浸透探傷試験方法 …………………………………………… 126
  - 第4節　放射線透過試験方法 ………………………………………… 127
  - 第5節　抵抗線ひずみ計による応力測定 …………………………… 127

## 第4編 原 動 機

第1章 蒸気原動機 ············································ 129
　第1節 ボイラ ············································ 129
　第2節 蒸気タービン ······································ 129
第2章 内燃機関 ·············································· 131
　第1節 内燃機関の種類 ···································· 131
　第2節 ピストン機関 ······································ 131
　第3節 ロータリー機関 ···································· 131
　第4節 ガスタービン ······································ 132
　第5節 ジェットエンジン ·································· 132
第3章 水力機械 ·············································· 133
　第1節 ポンプ ············································ 133
　第2節 水　車 ············································ 133
第4章 空気機械 ·············································· 135
　第1節 送風機および圧縮機 ································ 135
　第2節 真空ポンプ ········································ 135

## 第5編 電気機械器具

第1章 電気機械器具の使用方法 ································ 137
　第1節 電動機 ············································ 137
　第2節 発電機 ············································ 137
　第3節 変圧器 ············································ 138
　第4節 開閉器 ············································ 138
　第5節 蓄電池 ············································ 138
　第6節 継電器（リレー） ·································· 139

## 第6編　機械製図とJIS規格

- 第1章　機械製図 ································· 141
  - 第1節　図面の大きさ ························· 141
  - 第2節　尺　　度 ····························· 141
  - 第3節　線および文字 ························· 141
  - 第4節　投　影　法 ··························· 141
  - 第5節　図形の表し方 ························· 142
  - 第6節　寸法の表し方 ························· 142
  - 第7節　CAD製図 ···························· 142
- 第2章　機械製図に必要な関連規格 ················· 144
  - 第1節　寸法公差およびはめあいの方式 ········· 144
  - 第2節　面の肌の図示方法 ····················· 145
  - 第3節　幾何公差の図示方法 ··················· 145
  - 第4節　寸法と幾何特性との相互依存性 ········· 146
  - 第5節　円すい公差方式 ······················· 146
- 第3章　機械要素の製図 ··························· 148
  - 第1節　ねじ製図 ····························· 148
  - 第2節　歯車製図 ····························· 148
  - 第3節　ばね製図 ····························· 149
  - 第4節　転がり軸受製図 ······················· 149
- 第4章　特殊な部分の製図および記号 ··············· 151
  - 第1節　センタ穴の図示方法 ··················· 151
  - 第2節　油圧および空気圧用図記号 ············· 151

# 教科書　指導書編

# 第1編 製 図 一 般

　製図は機械やプラントを作るための計画を図に表すことである。そのための一定の約束ごとを定めて，製図者と，その図面を使う人との間に共通な認識を必要とする。
　本編では，製図に関するJISについて，また製図用機器，用器画法などについても学習する。
　さらに，近年急速に普及発展して広く使われるようになったCAD用語についても学ぶ。

## 第1章　製図に関する日本工業規格

### 学習の目標

　製図を行うとき，あらゆる工業分野で共通の認識として準拠することによって，いつ，どこでも，誰でも，つねに正しく理解される図面を作成するためには，一定の規格や基準を必要とする。
　日本工業規格（JIS）はこのような目的のもとに制定されており，世界的な規格（ISO）とも共通するところが多い。本章では製図に関するJISをもとに，その意義，用語，図面の大きさや様式，製図に用いる線，文字，尺度，投影法などの基本事項について学習する。
　教科書表1－1に見るように，ほとんどの規格が1998年～1999年に見直しをされていることを理解すること。

## 第1節　製図規格

```
―学習のねらい――――――――――――――――――――――――
  ここでは，次のことがらについて学ぶ。
  (1) 国内規格としてのJISの制度と改廃の意味と主要規格
  (2) 主要各国の工業規格とISO
  (3) その他の関連規格
```

学習の手びき

製図規格の意味について理解すること。

## 第2節　製図総則

```
―学習のねらい――――――――――――――――――――――――
  ここでは，次のことがらについて学ぶ。
  (1) 製図の目的
  (2) 製図総則と他の規格との関連
```

学習の手びき

国際的標準化と，工業の各分野で使用する「製図総則」の意義を理解すること。

## 第3節　製図用語

```
―学習のねらい――――――――――――――――――――――――
  ここでは，製図に関する用語の分類について学ぶ。
```

学習の手びき

製図に関する用語は，この節で述べられている分類によって，第4節以降の記述が進

められるので，用語の意味について理解すること。

## 第4節　製図用紙のサイズおよび図面の様式

---学習のねらい---
ここでは，次のことがらについて学ぶ。
(1) 用紙のサイズ
(2) 図面の様式
(3) 輪郭および輪郭線
(4) 表題欄
(5) 中心マークと方向マーク
(6) 図面に設けることが望ましい事項
(7) 印刷された製図用紙
(8) 部品欄，照合番号，来歴欄
(9) 図面の折り方

学習の手びき
　図面の大きさの規格，図面に必ず設ける事項と，設けることが望ましい事項，図面を折りたたむ場合の注意事項などについてよく理解すること。

## 第5節　線の基本原則

---学習のねらい---
ここでは，次のことがらについて学ぶ。
(1) 線の種類の基本形とその変形
(2) 線の太さ
(3) 線の要素の長さ
(4) 線の表し方

**学習の手びき**

線の形と太さによる種類およびその用法に関する規格ＪＩＳ　Ｚ 8312が1999年に改訂されているのでよく理解すること。

## 第6節　製図に用いる文字

---学習のねらい---

ここでは，次のことがらについて学ぶ。
(1)　製図に用いる文字の基本事項
(2)　文字の大きさ
(3)　文字の種類（A形とB形，直立体と斜体など）
(4)　ローマ字，数字および記号とギリシャ文字
(5)　平仮名，片仮名および漢字

**学習の手びき**

文字は，図形や線と同じ重要な要素であるが，文字の種類のA形とB形の違い，直立体と斜体の区別などについてよく理解すること。

## 第7節　製図に用いる尺度

---学習のねらい---

ここでは，次のことがらについて学ぶ。
(1)　尺度の種類と尺度の表し方
(2)　図面への尺度の表し方
(3)　推奨尺度

**学習の手びき**

尺度の表し方，推奨尺度などについてよく理解すること。

## 第8節　製図に用いる投影法

---
**学習のねらい**

ここでは，次のことがらについて学ぶ。
(1) 投影法の意味と種類
(2) 正投影法の中の第三角法，第一角法，矢示法，鏡像投影
(3) 軸測投影および斜投影，透視投影

---

学習の手びき

投影法と投影図について，その特徴と，機械製図には正投影法が主として使われる理由を理解すること。

第1章の学習のまとめ

この章では，製図に関する日本工業規格について次のことがらを学んだ。
(1) 製図規格
(2) 製図総則
(3) 製図用語
(4) 製図用紙のサイズおよび図面の様式
(5) 線の基本原則
(6) 製図に用いる文字
(7) 製図に用いる尺度
(8) 製図に用いる投影法

【練習問題の解答】

(1) ×　第4節4.2参照：表題欄は，必ず設けなければならない。
(2) ○
(3) ×　第5節5.2：細線の4倍である。
(4) ○
(5) ×

# 第2章　製図における図形の表し方の原則

学習の目標

この章では，製図における正投影法による図形の表し方について学習する。

対象物の形状に応じて，どの投影法を選ぶかは基本的な重要事項で，作成した図面を理解しやすく描かなければならない。

## 第1節　投影図の示し方

---
学習のねらい

ここでは，次のことがらについて学ぶ。
(1)　投影図
(2)　投影図の選択
(3)　特殊な投影図
(4)　部分投影図
(5)　局部投影図
(6)　線

---

学習の手びき

立体を平面上に正しく表すのが投影図である。主投影図をはじめ，これを補足する方法，簡略する方法，拡大して明りょうに表す方法などについてよく理解すること。

## 第2節　断面図の示し方

---
学習のねらい

ここでは，次のことがらについて学ぶ。
(1)　断面図に関する注意

(2) ハッチング
(3) 薄肉部の断面
(4) 回転および移動して示す断面
(5) 半断面図
　　部分断面図
　　一連の断面図の配置

学習の手びき
　対象物の形や図面の目的によって，適切な断面図を選ぶことができるように，断面の示し方を理解すること。

## 第3節　特別な図示方法

――学習のねらい――
ここでは，次のことがらについて学ぶ。
(1) 隣接部分
(2) 相貫
(3) 平面をもつ軸端部と開口部の図示方法
(4) 切断面の前側にある部品
(5) 対称部品の投影図
(6) 中間部分を省略した投影図
　　繰返し図形の省略
　　拡大図
　　加工前の形状
　　その他の事項

学習の手びき
　図を見やすく，理解しやすくするための特別な図示方法を理解すること。

## 第2章の学習のまとめ

この章では，製図における図形の表し方の原則について，次のことがらを学んだ。

(1) 投影図の示し方
(2) 断面図の示し方
(3) 特別な図示方法

【練習問題の解答】

(1) ○
(2) ×　第2節2.1参照：半断面図ではなく，全断面図という。
(3) ×　第3節3.9参照：太い一点鎖線ではなく，細い二点鎖線を使う。
(4) ○
(5) ○

# 第3章　製図における寸法記入方法

**学習の目標**

この章では，図面を作成する場合に用いる寸法記入方法について学習する。
投影法の種類がたくさんあるように，寸法記入方法も多くの種類があることを学ぶ。

## 第1節　寸法記入の一般原則

--- 学習のねらい ---

ここでは，次のことがらについて学ぶ。

(1) 寸法についての定義
(2) 寸法記入の一般原則の適用

**学習の手びき**

寸法記入の原則について理解すること。

## 第2節　寸法記入方法

--- 学習のねらい ---

ここでは，次のことがらについて学ぶ。

(1) 寸法線・寸法補助線・引出線・端末記号などの寸法記入要素
(2) 寸法数値の記入法
(3) 寸法の配置と指示方法
(4) 特殊な指示方法
(5) 高さの指示方法

学習の手びき
寸法記入方法の形式について理解すること。

第3章の学習のまとめ
この章では，製図における寸法記入方法について，次のことがらを学んだ。
(1) 寸法記入の一般原則
(2) 寸法記入方法

【練習問題の解答】
(1) ○
(2) × 第1節1.2参照：特別な単位記号で示さなければならない場合を除いて，すべての寸法に対して同一の単位記号を用い，単位記号を付けない。
(3) ○
(4) ○
(5) × 第2節2.5参照：弦の長さ寸法を指示している。

# 第4章　製図に必要な記号

**学習の目標**

この章では，製図に必要な記号のうち，溶接継手と溶接記号の記入方法，配管の簡略図示方法，材料記号と表し方などについて学習する。

## 第1節　溶　接　記　号

---
**学習のねらい**

ここでは，次のことがらについて学ぶ。
(1) 溶接継手
(2) 溶接記号
(3) 溶接記号の記入方法

---

**学習の手びき**

溶接部の基本記号，補助記号およびその表示方法について理解すること。

## 第2節　配管の簡略図示方法

---
**学習のねらい**

ここでは，次のことがらについて学ぶ。
(1) 配管図
(2) 配管図に適用する通則と投影法の一般原則
(3) 等角投影図

---

**学習の手びき**

配管の基本的な図記号および簡略図示方法について理解すること。

## 第3節 材料記号

---
**学習のねらい**

ここでは，次のことがらについて学ぶ。
(1) 鉄鋼材料の記号と表し方
(2) 一般部品用非鉄金属材料の記号と表し方

---

学習の手びき

材料記号は，図面に広く使われている。
記号の構成を知り，材料記号の表示を理解すること。


第4章の学習のまとめ

この章では，次のことがらについて学んだ。
(1) 溶接記号
(2) 配管の簡略図示方法
(3) 材料記号


【練習問題の解答】

(1) ○
(2) ○
(3) ×　第1節1.2，表1—16参照：放射線透過試験の補助記号は，ＲＴである。ＵＴは超音波探傷試験である。
(4) ○
(5) ○

# 第5章　製図用機器

学習の目標
この章では，図面の作成に用いる機器について学習する。

## 第1節　製図器具

```
┌─ 学習のねらい ─────────────────────────
│  ここでは，次のことがらについて学ぶ。
│  (1) 製図板と製図台
│  (2) 製図器
│  (3) その他の製図器
└──────────────────────────────────
```

学習の手びき
製図器具の種類と，その使い方についてよく理解すること。

## 第2節　製図用設備

```
┌─ 学習のねらい ─────────────────────────
│  ここでは，次のことがらについて学ぶ。
│  (1) 一般製図用機械
│  (2) 複写機など
└──────────────────────────────────
```

学習の手びき
製図機械，複写機などについて理解すること。

第5章の学習のまとめ

この章では，製図用機器について次のことがらを学んだ。

(1) 製図器具
(2) 製図用設備

【練習問題の解答】

(1) ×　第1節1.2参照：軸測投影図を描くときに使う。
(2) ○

# 第6章 用器画法

**学習の目標**

この章では，用器画法について学ぶ。

用器画は，主としてコンパスと定規を使って描いた幾何学的な図形で，直線，円，円弧およびそれらの組合せによる角で構成され，それらの図形の描き方や等分する方法などについて学習する。

## 第1節 平面図形

──学習のねらい──

ここでは，次のことがらについて学ぶ。

(1) 直線および角

(2) 正多角形

(3) 円および円弧（インボリュート曲線，サイクロイド曲線を含む）

(4) 円すい曲線（円，だ円，放物線，双曲線）

**学習の手びき**

ここでは，平面図形の描き方の基本と，直線，角，円，円弧などの等分法と，その応用による正多角形，インボリュート曲線，サイクロイド曲線，あるいは円すい曲線の正しい描き方について理解すること。

## 第2節 立体図形

──学習のねらい──

ここでは，次のことがらについて学ぶ。

(1) 正多面体

(2) 角柱の投影

(3) 三角すいの投影

(4) 円柱の投影

(5) 円すいの投影

(6) 球面上の点の投影

(7) 立体の切断

(8) 立体の展開

(9) 立体の相貫

学習の手びき

製図に重要な基礎事項であるから，立体の投影について理解すること。

第6章の学習のまとめ

この章では，用器画法について次のことがらを学んだ。

(1) 平面図形
(2) 立体図形

【練習問題の解答】

(1) ○

(2) ○

(3) ×　第2節2.1参照：正三角形が1頂点に4面よる。

(4)

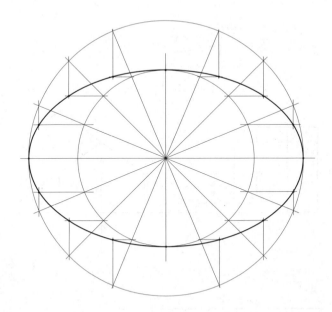

(5)

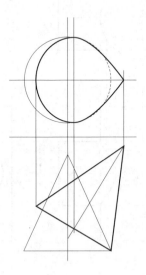

(6)

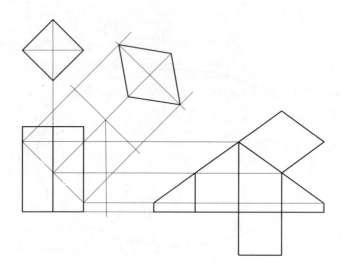

(7)

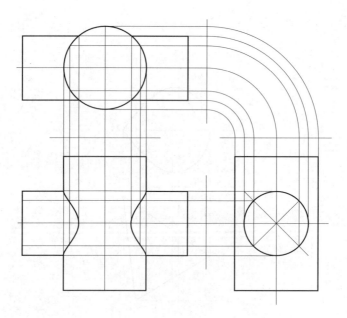

# 第7章　ＣＡＤ用語

**学習の目標**

この章では，ＣＡＤ製図について学習する。

## 第1節　ＣＡＤ／ＣＡＭシステム導入の背景

―― 学習のねらい ――――――――――――――――――――――――
　ここでは，ＣＡＤ／ＣＡＭシステムの導入によって期待される効果について学ぶ。
―――――――――――――――――――――――――――――――

**学習の手びき**

　ＣＡＤ／ＣＡＭシステムは生産の現場と密接に関係し，発展してきたところの概要についてよく理解すること。

## 第2節　ＣＡＤシステムの目的

―― 学習のねらい ――――――――――――――――――――――――
　ここでは，次のことがらについて学ぶ。
　(1)　二次元ＣＡＤの目的
　(2)　三次元ＣＡＤの目的
―――――――――――――――――――――――――――――――

**学習の手びき**

　ＣＡＤシステムの二次元，三次元の違いを理解し，製品設計に役立たせること。

## 第3節　ＣＡＤシステムを構成する機器

> **学習のねらい**
>
> ここでは，次のことがらについて学ぶ。
> (1) システムを構成する機器
> (2) 機器の処理する内容

学習の手びき
各機器の接続を理解し，効果的な利用ができるようにすること。

## 第4節　ＣＡＤシステムの機能

> **学習のねらい**
>
> ここでは，次のことがらについて学ぶ。
> (1) 基本要素と階層構造
> (2) 表示操作と制御
> (3) システムのメニュー
> (4) コマンド
> (5) 図形処理

学習の手びき
ＣＡＤシステムの機能について十分に理解すること。

第7章の学習のまとめ
この章では，ＣＡＤ製図について次のことがらを学んだ。
(1) ＣＡＤ／ＣＡＭシステムとの関係
(2) ＣＡＤシステムの目的，構成，機能

【練習問題の解答】

(1)　×　第2節参照

(2)　○

(3)　×　第2節参照：ＣＡＤ製図は手作業で図面を描き上げるのと異なり，形状や製図記号，部品形状の同じものは複写し，対称形のものは，ミラーコピーコマンドを使い作成できる。

(4)　○

(5)　×　第4節4.5参照：一般の二次曲線では表せない曲線をいう。

(6)　○

(7)　×　第1節参照：生産性の向上，品質の向上などの効果がある。

# 第2編　機械工作法一般

　機械工作法を大別すると切削加工によるものと，冶金（やきん）的方法によるものとがある。
　本編では，この冶金的方法の一つで，広く利用されている溶接について，また，金属表面の酸化防止，美化などを目的とする表面処理についても学習する。

## 第1章　溶　　　接

**学習の目標**
　この章では，溶接作業の基礎となる種類，方法および溶接部の欠陥と対策について学習する。

### 第1節　溶接の特徴と溶接法の分類

---
**学習のねらい**
　ここでは，次のことがらについて学ぶ。
　(1)　溶接法の長所
　(2)　溶接法の短所
　(3)　溶接法の分類

---

**学習の手びき**
溶接の特徴と溶接法の分類について概略を理解すること。

## 第2節　溶接の方法と用途

> **学習のねらい**
>
> ここでは，次のことがらについて学ぶ。
> (1)　アーク溶接
> (2)　サブマージアーク溶接
> (3)　イナートガスアーク溶接（MIG・TIG）
> (4)　プラズマ溶接
> (5)　炭酸ガスアーク溶接
> (6)　レーザ溶接
> (7)　スポット溶接
> (8)　シーム溶接
> (9)　電子ビーム溶接
> (10)　ガス溶接

**学習の手びき**

溶接の方法と用途の概略を理解すること。

## 第3節　溶接作業の熱影響と防止および是正方法

> **学習のねらい**
>
> ここでは，次のことがらについて学ぶ。
> (1)　溶接の欠陥（外部に現れる欠陥と内部に発生する欠陥）
> (2)　溶接ひずみおよび残留応力
> (3)　溶接の欠陥の除去

学習の手びき
溶接作業の熱影響とその防止および是正方法について概略を理解すること。

## 第4節 溶　　　断

> **学習のねらい**
> ここでは，ガス切断とプラズマ切断について学ぶ。

学習の手びき
ガス切断とプラズマ切断の原理と用途について概略を理解すること。

## 第5節　ろう付けの種類および用途

> **学習のねらい**
> ここでは，ろう付けの種類および用途について学ぶ。

学習の手びき
ろう付けの種類および用途について概略を理解すること。


第1章の学習のまとめ
この章では，溶接について次のことがらを学んだ。
(1) 溶接の特徴と溶接法の分類
(2) 溶接の方法と用途
(3) 溶接作業の熱影響と防止および是正方法
(4) 溶断
(5) ろう付けの種類および用途

【練習問題の解答】
(1) ○

（2） ×　第2節2.1参照：主としてステンレス鋼，銅合金，軽合金の溶接に適している。
（3） ×　第3節3.1参照：外部に現れる。
（4） ○

# 第2章　表面処理

学習の目標
この章では，表面処理方法の種類，用途およびその効果について学習する。

## 第1節　防せいの方法と用途

---学習のねらい---
ここでは，次のことがらについて学ぶ。
(1) めっき（電気めっき，溶融めっき，溶射めっき）
(2) 化成処理
(3) 防せい油
(4) 気化性防せい紙（ＶＰＩ紙）
(5) 塗装

学習の手びき
防せいの種類と使用方法について概略を理解すること。

## 第2節　酸洗いと洗浄

---学習のねらい---
ここでは，さび落し，酸づけ，脱脂，洗浄について学ぶ。

学習の手びき
酸洗いと洗浄の目的および方法について概略を理解すること。

第2章の学習のまとめ

この章では，表面処理について次のことがらを学んだ。

(1) 防せいの方法と用途
(2) 酸洗いと洗浄


【練習問題の解答】

(1) ○
(2) ○
(3) ×　第1節1.1参照：トタン板ではなく，ブリキ板である。
(4) ×　第1節1.5参照：静電塗装法は，塗られる製品に⊕，噴霧状の塗料に⊖の高電圧をかけて，両者の間に生じた静電気力線にそって塗料を製品に付ける塗装法。

# 第3編 材　　　料

　材料は機械を作るための基礎となる金属材料の種類，性質，熱処理および非金属材料である合成樹脂，木材，コンクリート，接着剤，油脂類について学習する。

## 第1章 金属材料

学習の目標
　この章では，鉄鋼材料と非金属材料について学習する。

### 第1節　鋳鉄と鋳鋼

---学習のねらい---
　ここでは，次のことがらについて学ぶ。
(1)　ねずみ鋳鉄
(2)　球状黒鉛鋳鉄
(3)　可鍛鋳鉄
(4)　鋳鋼

学習の手びき
　鋳鉄と鋳鋼の性質と用途を理解すること。

## 第2節　炭素鋼と合金鋼および特殊用途鋼

―― 学習のねらい ――――――――――――――――――――――――
ここでは，次のことがらについて学ぶ。
(1)　炭素鋼
(2)　合金鋼および特殊用途鋼
――――――――――――――――――――――――――――――

学習の手びき
炭素鋼と合金鋼の種類と用途を理解すること。

## 第3節　銅と銅合金

―― 学習のねらい ――――――――――――――――――――――――
ここでは，次のことがらについて学ぶ。
(1)　銅
(2)　銅合金
――――――――――――――――――――――――――――――

学習の手びき
銅の性質と銅合金の種類と用途を理解すること。

## 第4節　アルミニウムとアルミニウム合金

―― 学習のねらい ――――――――――――――――――――――――
ここでは，次のことがらについて学ぶ。
(1)　アルミニウム
(2)　アルミニウム合金
――――――――――――――――――――――――――――――

学習の手びき
アルミニウムの性質と用途，アルミニウム合金の種類，性質と用途を理解すること。

第1章の学習のまとめ
この章では，金属材料について次のことがらを学んだ。
(1) 鋳鉄と鋳鋼
(2) 炭素鋼と合金鋼および特殊用途鋼
(3) 銅と銅合金
(4) アルミニウムとアルミニウム合金

【練習問題の解答】
(1) ○
(2) ○
(3) ×　第1節1.3参照：パーライト可鍛鋳鉄がもっとも大きい。
(4) ○
(5) ×　第3節3.2参照：銅と亜鉛の合金。
(6) ×　第4節4.1参照：アルミニウムに電気化学的処理を施して，表面にち密な硬い膜をつくり，内部を保護するようにしたものがアルマイトである。

# 第2章　金属材料の性質

**学習の目標**

この章では，金属材料の性質について学習する。

## 第1節　引張強さ

---
**学習のねらい**

ここでは，金属材料の引張強さについて学ぶ。

---

**学習の手びき**

引張強さの表示方法を理解すること。

## 第2節　降伏点および耐力

---
**学習のねらい**

ここでは，降伏点と耐力について学ぶ。

---

**学習の手びき**

降伏点と耐力について表示方法を理解すること。

## 第3節　伸びおよび絞り

---
**学習のねらい**

ここでは，伸び，絞りについて学ぶ。

---

学習の手びき
伸びの種類と絞りを理解すること。

## 第4節　延性および展性

───学習のねらい───
　ここでは，延性，展性について学ぶ。

学習の手びき
延性および展性を理解すること。

## 第5節　硬　　　さ

───学習のねらい───
　ここでは，硬さについて学ぶ。

学習の手びき
硬さの意味を理解すること。

## 第6節　加工硬化

───学習のねらい───
　ここでは，加工硬化について学ぶ。

学習の手びき
加工硬化の現象を理解すること。

## 第7節　もろさおよび粘り強さ

> **学習のねらい**
>
> ここでは，もろさおよび粘り強さについて学ぶ。

学習の手びき

もろさおよび粘り強さを理解すること。

## 第8節　疲れ強さ

> **学習のねらい**
>
> ここでは，疲れ強さについて学ぶ。

学習の手びき

疲れ強さとはどのようなことかを理解すること。

## 第9節　熱膨張

> **学習のねらい**
>
> ここでは，熱膨張について学ぶ。

学習の手びき

熱膨張の大きいものと小さいものとがあることを理解すること。

## 第10節　熱伝導

> **学習のねらい**
>
> ここでは，熱伝導について学ぶ。

第3編 材　料　37

学習の手びき
熱伝導の大きいものと小さいものがあることを理解すること。

## 第11節　電　気　伝　導

---学習のねらい---
　ここでは，電気伝導について学ぶ。

学習の手びき
電気伝導の大きいものと小さいものがあり，特に合金は一般に電気伝導が小さいことを理解すること。

## 第12節　比　　　重

---学習のねらい---
　ここでは，比重について学ぶ。

学習の手びき
金属の比重を理解すること。


第2章の学習のまとめ
この章では，金属材料の性質について次のことがらを学んだ。
(1) 引張強さ
(2) 降伏点および耐力
(3) 伸びおよび絞り
(4) 延性および展性
(5) 硬さ
(6) 加工硬化
(7) もろさおよび粘り強さ

(8) 疲れ強さ

(9) 熱膨張

(10) 熱伝導

(11) 電気伝導

(12) 比重

【練習問題の解答】

(1) ○

(2) ○　①全伸び，②永久伸び，③降伏伸び，④破断伸びがあるのでその違いを知ること。

(3) ×　第4節参照：純金属のほうが合金より展延性に富んでいる。

(4) ○

(5) ×　第10節表3—18参照：数値の大きいものほど熱は伝わりやすい。

# 第3章　金属材料の熱処理

**学習の目標**
この章では，金属材料の熱処理方法とその用途について学習する。

## 第1節　焼入れ

――学習のねらい――
ここでは，焼入れについて学ぶ。

**学習の手びき**
焼入れ温度と冷却速度により，組織が異なることを理解すること。

## 第2節　焼もどし

――学習のねらい――
ここでは，焼もどしについて学ぶ。

**学習の手びき**
焼もどし温度と組織の変化を理解すること。

## 第3節　焼なまし

――学習のねらい――
ここでは，次のことがらについて学ぶ。
(1) 完全焼なまし
(2) 軟化焼なまし

> (3) 応力除去焼なまし

**学習の手びき**

焼なましの種類と組織の変化を理解すること。

## 第4節 焼ならし

> ─ 学習のねらい ─
> ここでは,焼ならしについて学ぶ。

**学習の手びき**

焼ならしの方法と組織を理解すること。

## 第5節 表面硬化処理

> ─ 学習のねらい ─
> ここでは,次のことがらについて学ぶ。
> (1) 浸炭法
> (2) 窒化法
> (3) 表面焼入れ
> (4) 熱処理の注意事項

**学習の手びき**

表面硬化処理の方法を理解すること。

第3章の学習のまとめ

この章では,金属材料の熱処理について次のことがらを学んだ。

(1) 焼入れ
(2) 焼もどし

(3) 焼なまし

(4) 焼ならし

(5) 表面硬化処理

【練習問題の解答】

(1) ○

(2) ○

(3) ×　第3節参照：問題の焼なましの他に応力除去焼なましがある。

(4) ○

# 第4章　非金属材料

**学習の目標**

この章では，合成樹脂，木材，コンクリートなどの，非金属材料について学習する。

## 第1節　合 成 樹 脂

---
**学習のねらい**

ここでは，次のことがらについて学ぶ。
(1) 熱硬化性樹脂
(2) 熱可塑性樹脂
(3) プラスチックの成形

---

**学習の手びき**

合成樹脂の種類と用途を理解すること。

## 第2節　ゴ　　ム

---
**学習のねらい**

ここでは，ゴムについて学ぶ。

---

**学習の手びき**

ゴムの性質と用途を理解すること。

## 第3節 木　　材

> **学習のねらい**
> ここでは，木材について学ぶ。

**学習の手びき**
木材の性質と用途を理解すること。

## 第4節 コンクリート

> **学習のねらい**
> ここでは，コンクリートについて学ぶ。

**学習の手びき**
コンクリートの配合比と性質を理解すること。

## 第5節 接　着　剤

> **学習のねらい**
> ここでは，接着剤について学ぶ。

**学習の手びき**
接着剤の種類と使用方法を理解すること。

## 第6節 油脂類

> **学習のねらい**
> 
> ここでは，次のことがらについて学ぶ。
> (1) 潤滑油剤
> (2) 切削油剤

学習の手びき

潤滑油剤と切削油剤の種類と用途を理解すること。

第4章の学習のまとめ

この章では，非金属材料について次のことがらを学んだ。

(1) 合成樹脂
(2) ゴム
(3) 木材
(4) コンクリート
(5) 接着剤
(6) 油脂類

【練習問題の解答】

(1) ○
(2) × 第1節1.2参照：特徴として熱に弱い。
(3) ○
(4) ○

# 第4編 材 料 力 学

　材料力学の意義,目的などについては,教科書の序文で述べてあるが,材料力学の知識は,設計技術者にとって必須のものであると同時に,機械加工者,製図者など工業に携わる者の一般的知識として学習しなければならないものである。
　設計者の考案,創造をもっとも完全かつ明瞭に表現する方法が製図である。設計者と意志の疎通を図り,製作図などを作るさいに,この知識が活かされることになる。
　計算方法は,節の要所にある例題および章末の練習問題により理解を深めることができる。なお,計算に電卓(関数付)を使用すれば,正確で能率がよい。

## 第1章 荷重,応力およびひずみ

### 学習の目標
　この章では,材料力学の基礎となる荷重,応力およびひずみについて学習する。

### 第1節 荷重と応力

---
**学習のねらい**

ここでは,次のことがらについて学ぶ。
(1) 荷重の種類
(2) 応力の種類
(3) 単純応力の計算と国際単位〔SI〕

---

### 学習の手びき
荷重,応力の種類およびその計算法を理解すること。

## 国際単位系（SI）について

国際単位系（世界共通の公式な略称はSI）は，1960年の第11回国際度量衡総会で採択され，その後，多少の修正，拡大を経て，メートル系の新しい形態として広範な支持を得つつある単位系である。日本でも，平成3年（1991）をもって，一斉に切り換えを行うことになった。

わが国では，昭和34年（1959）からメートル法による単位を使用しているので，長さはメートル，質量はキログラム，というように，大部分の計量単位はすでにSIによる単位を使用しているが，例えば，力の単位の重量キログラム（kgf），応力の単位の重量キログラム毎平方ミリメートル（kgf/mm$^2$）など非SIの単位も一部使用している現状である。

したがって，国際的なSI移行の大勢に遅れないようにSIによる単位への移行が進められている。

"重量，荷重"などの単位をSIに切り換える場合は，次のように考えればよい。

重量は物体の固有のものではなく，物体が本質的にもっているものは質量である。

質量をmとすると，ニュートンの法則により，この物体に力$F$を加えたとき，物体の加速度$a$を得る。すなわち，$F=ma$である。質量mの単位をkg，加速度$a$の単位をm／s$^2$としたとき，力$F$の単位はkg・m／s$^2$，すなわちニュートン（N）である（第5編力学，第3章運動参照のこと）。

地球上には重力が作用しているので，質量m（kg）の物体は，下方にg（m／s$^2$）の重力の加速度で落下しようとするが，これを支えて静止させれば，その支持体にはmg（N）の力，すなわち重力が作用する。重量は，地球の重力によって発生する量にすぎない。重力は地域，高度によって差があるが，物体の標準重量は，その物体の質量mに標準重力加速度g（9.80665m／s$^2$）を乗じたmgである。

m＝1kgとした場合の標準重量は1kgfで，これをSIで表せば1kgf＝1（kg）×9.80665（m／s$^2$）＝9.80665Nである（この換算係数9.80665は無次元数）。

例えば，丸棒に1kgfの引張荷重をかけるという場合，SIに切り換えると，その力はN単位で示すことになる。

（1kgf＝9.80665N≒9.8N）

教科書表4－1に材料力学で用いられる主要な組立単位を，表4－2に工学単位とSI

単位との換算係数を示してある。

## 第2節　応力とひずみの関係

---
学習のねらい

ここでは，次のことがらについて学ぶ。

(1)　ひずみの種類

(2)　応力ひずみ線図

(3)　弾性係数

---

学習の手びき

応力とひずみの関係を理解すること。

## 第3節　応力集中

---
学習のねらい

ここでは，次のことがらについて学ぶ。

(1)　切欠きの影響

(2)　応力集中係数

---

学習の手びき

切欠きの影響について理解すること。

## 第4節　安　全　率

---
学習のねらい

ここでは，次のことがらについて学ぶ。

(1)　許容応力

(2)　安全率の決定法

---

学習の手びき
荷重の種類による安全率のとり方を理解すること。

第1章の学習のまとめ
この章では，荷重，応力およびひずみについて次のことがらを学んだ。
(1) 荷重と応力
(2) 応力とひずみの関係
(3) 応力集中
(4) 安全率

【練習問題の解答】
(1) × 第1節1.1参照：繰返し荷重ではなく，交番荷重。
(2) ○
(3) × 第1節1.3表4—3参照：ギガの倍数は$10^9$
(4) ○
(5) ○
(6) × 第2節2.2表4—4参照：極限強さ。
(7) ○
(8) × 第2節2.3(2)参照：横弾性係数という。
(9) ○
(10) × 第4節4.1式（1・13）参照：$\sigma_a = \dfrac{\sigma_B}{S}$

# 第2章　は　　　り

**学習の目標**

この章では，曲げ作用を受けるはりの基本的事項について学習する。

## 第1節　はりの種類と荷重

---
**学習のねらい**

ここでは，次のことがらについて学ぶ。
(1) はりの種類
(2) はりにかかる荷重

---

**学習の手びき**

はりの種類と荷重について理解すること。

## 第2節　はりに働く力のつりあい

---
**学習のねらい**

ここでは，次のことがらについて学ぶ。
(1) 外力およびモーメントのつりあい
(2) せん断力
(3) 曲げモーメント

---

**学習の手びき**

せん断力と曲げモーメントについて理解すること。

## 第3節　せん断力図と曲げモーメント図

**学習のねらい**

ここでは，次のことがらについて学ぶ。
(1) せん断力図と曲げモーメント図
(2) 集中荷重を受ける片持ばり
(3) 集中荷重を受ける単純ばり
(4) 等分布荷重を受ける片持ばり
(5) 等分布荷重を受ける単純ばり
(6) 集中荷重と等分布荷重を受ける片持ばり
(7) 集中荷重と等分布荷重を受ける単純ばり

**学習の手びき**

静定ばりのせん断力図と曲げモーメント図について理解すること。

## 第4節　はりに生ずる応力

**学習のねらい**

ここでは，次のことがらについて学ぶ。
(1) 曲げ応力
(2) 断面二次モーメントと断面係数
(3) 曲げ応力の算出

**学習の手びき**

曲げ応力の算出について理解すること。

## 第5節　はりのたわみ

───　学習のねらい　───
　ここでは，はりのたわみについて学ぶ。

学習の手びき
はりのたわみについて理解すること。

第2章の学習のまとめ
この章では，曲げ作用を受けるはりについて次のことがらを学んだ。
　(1)　はりの種類と荷重
　(2)　はりに働く力のつりあい
　(3)　せん断力図と曲げモーメント図
　(4)　はりに生ずる応力
　(5)　はりのたわみ

【練習問題の解答】

(1)　○

(2)　○

(3)　×　第2節2.1式（2・1）参照：$W = R_A + R_B$　　$R_B = 8 - 5 = 3\,\mathrm{kN}$

(4)　○

(5)　×　第3節3.3参照：最大の曲げモーメント。

(6)　×　第3節3.4参照：1／2

(7)　○

(8)　○

(9)　×　第4節4.2表4—8参照：$Z = \dfrac{bh^2}{6} = \dfrac{10 \times 12^2}{6} = 240\,[\mathrm{cm}^3]$

(10)　×　第5節表4—9参照：$\dfrac{1}{8}$

# 第3章 軸

**学習の目標**
この章では，ねじり作用を受ける軸の基本的事項について学習する。

## 第1節 軸のねじり

---
**学習のねらい**

ここでは，次のことがらについて学ぶ。
(1) ねじり応力
(2) ねじり抵抗モーメントと極断面係数

---

**学習の手びき**
ねじり応力と極断面係数について理解すること。

## 第2節 ねじり応力の算出

---
**学習のねらい**

ここでは，ねじり応力について学ぶ。

---

**学習の手びき**
ねじり応力の算出について理解すること。

**第3章の学習のまとめ**
この章では，ねじり作用を受ける軸について次のことがらを学んだ。
(1) 軸のねじり

(2) ねじり応力の算出

【練習問題の解答】

(1) ○

(2) ○

(3) × 第1節1.2 参照：$Z_p = \dfrac{I_p}{r} \left( \dfrac{2I_p}{d} \right)$

(4) × 第2節式（3・5）参照：
$$\tau = \dfrac{16\,T}{\pi d^3} = \dfrac{16 \times 500}{3.14 \times 0.04^3} = 39.8 \times 10^6 \ [\text{Pa}] = 39.8 \ [\text{MPa}]$$

(5) ○

# 第4章 柱

**学習の目標**

この章では，柱の座屈について学習する。

## 第1節 柱の座屈

---
**学習のねらい**

ここでは，柱の座屈について学ぶ。

---

**学習の手びき**

柱の端末の状態と座屈について理解すること。

## 第2節 柱の強さ

---
**学習のねらい**

ここでは，次のことがらについて学ぶ。

(1) 長柱の強さ

(2) 短柱の強さ

---

**学習の手びき**

座屈荷重，座屈応力について理解すること。

**第4章の学習のまとめ**

この章では，柱の座屈について次のことがらを学んだ。

(1) 柱の座屈

(2) 柱の強さ

【練習問題の解答】

（1） ○

（2） ×　第1節図4—51参照：両端固定端。

（3） ○

（4） ×　第2節2.1参照：中空柱のほうが強い。

（5） ×　第2節2.2参照：安全率を考える。

# 第5章 圧力容器

**学習の目標**

この章では，内圧を受ける圧力容器について学習する。

## 第1節 内圧を受ける薄肉円筒

---
**学習のねらい**

ここでは，次のことがらについて学ぶ。
(1) 円周方向の応力
(2) 軸方向の応力

---

**学習の手びき**

フープ応力を理解すること。

## 第2節 内圧を受ける薄肉球かく

---
**学習のねらい**

ここでは，内圧を受ける薄肉球かくについて学ぶ。

---

**学習の手びき**

薄肉円筒のフープ応力の $\frac{1}{2}$ であることを理解すること。

**第5章の学習のまとめ**

この章では，内圧を受ける圧力容器について次のことがらを学んだ。
(1) 内圧を受ける薄肉円筒
(2) 内圧を受ける薄肉球かく

【練習問題の解答】

（1） ×　第1節1.1式（5・1）参照：$\dfrac{dp}{2t}$

（2） ○

（3） ○

# 第6章 熱応力

**学習の目標**

この章では，温度変化によって生じる熱応力について学習する。

## 第1節 熱応力

> ―学習のねらい―
> ここでは，熱応力について学ぶ。

**学習の手びき**

主な材料の線膨張係数と熱応力について理解すること。

## 第2節 伸びおよび縮みを拘束したときの熱応力

> ―学習のねらい―
> ここでは，伸びおよび縮みを拘束したときの熱応力について学ぶ。

**学習の手びき**

熱応力は，材料の縦弾性係数と線膨張係数および温度差に比例することを理解すること。

## 第3節 組合せ部材の熱応力

> ―学習のねらい―
> ここでは，組合せ部材の熱応力について学ぶ。

学習の手びき
熱膨張係数の異なる部材を組み合わせたときの熱応力を理解すること。

第6章の学習のまとめ
この章では，温度変化によって生じる熱応力について，次のことがらを学んだ。
(1) 熱応力
(2) 伸びおよび縮みを拘束したときの熱応力
(3) 組合せ部材の熱応力

【練習問題の解答】
(1) ○
(2) ×　第2節参照：無関係である。
(3) ○

# 第5編　力　　　　学

　力学の必要性などについては，教科書の序文で述べてあるが，力学は工学のすべての分野で，もっとも重要で基礎となる部門である。
　力学の知識は，設計部門は勿論であるが，工作技術者にとっても安全で有効に仕事をするために不可欠である。十分理解して実際に活用されたい。
　計算方法は，節の要所にある例題および章末の練習問題によって，理解を深めることができる。なお，計算に電卓（関数付）を使用すれば，正確で能率がよい。

## 第1章　静　力　学

**学習の目標**
この章では，力学の基礎となる力の問題について学習する。

### 第1節　力の合成と分解

---学習のねらい---
ここでは，次のことがらについて学ぶ。
(1) 一点に働く力の合成
(2) 着力点の違っている力の合成
(3) 力の分解

**学習の手びき**
力の合成と分解を理解すること。

## 第2節　力のモーメント

> **学習のねらい**
> 
> ここでは，力のモーメントについて学ぶ。

**学習の手びき**

力のモーメントを理解すること。

## 第3節　力のつりあい

> **学習のねらい**
> 
> ここでは，次のことがらについて学ぶ。
> (1) 一点に働く力のつりあい
> (2) 着力点の違っている力のつりあい

**学習の手びき**

力のつりあいを理解すること。

## 第4節　偶力とそのモーメント

> **学習のねらい**
> 
> ここでは，偶力とそのモーメントについて学ぶ。

**学習の手びき**

偶力のモーメントを理解すること。

**第1章の学習のまとめ**

この章では，力の問題について次のことがらを学んだ。

(1) 力の合成と分解

(2) 力のモーメント

(3) 力のつりあい

(4) 偶力とそのモーメント

【練習問題の解答】

(1) ○

(2) ×　第1節1.1式（1・1）参照：$F=\sqrt{F_1^2+F_2^2}$

(3) ○

(4) ×　第3節3.2例題参照：$R_A$1.5kN，$R_B$0.5kN

$$\text{B点のモーメント} \quad 2\text{kN}\times1.5-R_A\times2=0$$
$$R_A=\frac{3}{2}=1.5\ [\text{kN}]$$

$$R_B=2-1.5=0.5\ [\text{kN}]$$

# 第2章　重心と慣性モーメント

**学習の目標**

この章では，重心と慣性モーメントについて学習する。

## 第1節　重　　心

――学習のねらい――

ここでは，次のことがらについて学ぶ。
(1)　重心
(2)　重心の求め方

**学習の手びき**

重心の求め方を理解すること。

## 第2節　慣性モーメント

――学習のねらい――

ここでは，慣性モーメントの定義について学ぶ。

**学習の手びき**

慣性モーメントを理解すること。

**第2章の学習のまとめ**

この章では，重心と慣性モーメントについて次のことがらを学んだ。
(1)　重心
(2)　慣性モーメント

【練習問題の解答】

(1) ○

(2) ×　第1節1.2式（2・1）例題参照：$y = \dfrac{1200 \times 10 + 800 \times 40}{2000} = 22$〔mm〕

# 第3章 運　　動

**学習の目標**

この章では，運動の問題について学習する。

## 第1節　質点の運動

---
**学習のねらい**

ここでは，次のことがらについて学ぶ。
(1) 速度
(2) 加速度
(3) 落体の運動

---

**学習の手びき**

運動の基礎となる速度，加速度，落体の運動を理解すること。

## 第2節　運動の法則

---
**学習のねらい**

ここでは，次のことがらについて学ぶ。
(1) 運動の第一法則
(2) 運動の第二法則
(3) 運動の第三法則

---

**学習の手びき**

運動の法則を理解すること。

## 第3節 円運動

---
**学習のねらい**

ここでは，次のことがらについて学ぶ。

(1) 角速度と周速度

(2) 等速円運動

(3) 求心力と遠心力

---

学習の手びき

円運動を理解すること。

## 第4節 運動量と力積

---
**学習のねらい**

ここでは，次のことがらについて学ぶ。

(1) 運動量

(2) 力積

(3) 物体の衝突と運動量保存の法則

---

学習の手びき

運動量と力積を理解すること。

第3章の学習のまとめ

この章では，運動の問題について次のことがらを学んだ。

(1) 質点の運動

(2) 運動の法則

(3) 円運動

(4) 運動量と力積

【練習問題の解答】

（1）×　第1節1.1参照：ベクトルである。
（2）○
（3）○
（4）×　第1節1.1式（3・1）参照（応用）：音速が速い。
（5）○
（6）×　第2節2.3参照：第三法則。
（7）○
（8）×　第4節4.1参照：運動量という。

# 第4章　仕事，動力およびエネルギー

**学習の目標**

この章では，仕事，動力およびエネルギーについて学習する。

## 第1節　仕事と動力

---
**学習のねらい**

ここでは，次のことがらについて学ぶ。
(1) 仕事
(2) 動力

---

**学習の手びき**

仕事と動力を理解すること。

## 第2節　エネルギー

---
**学習のねらい**

ここでは，次のことがらについて学ぶ。
(1) エネルギーの種類
(2) 運動のエネルギーと位置エネルギー

---

**学習の手びき**

運動のエネルギーと位置エネルギーを理解すること。

第4章の学習のまとめ

この章では，仕事，動力およびエネルギーについて次のことがらを学んだ。

(1) 仕事と動力

(2) エネルギー

【練習問題の解答】

(1) ○

(2) ○

(3) × 第2節2.2式（4・7）参照：$E_p=mgH=50\times9.8\times10=4900$〔N・m〕
$=4.9$kJ

# 第5章 摩　　　擦

学習の目標

この章では，摩擦について学習する。

## 第1節 摩　　　擦

---学習のねらい---

ここでは，次のことがらについて学ぶ。

(1) すべり摩擦

(2) 転がり摩擦

(3) 効率

学習の手びき

摩擦と効率を理解すること。

第5章の学習のまとめ

この章では，摩擦について次のことがらを学んだ。

(1) 摩擦と効率

【練習問題の解答】

(1) ○
(2) ×　第1節1.1式（5・2）参照：$\tan\phi = \mu_0 = 0.25$　$\phi = 14°$
(3) ○

# 第6章 機械振動

## 学習の目標
この章では，機械振動の基礎について学習する。

## 第1節 単振動

---
**学習のねらい**

ここでは，単振動について学ぶ。

---

### 学習の手びき
振動の基礎となる単振動を理解すること。

### 第6章の学習のまとめ
この章では，機械振動の基礎として次のことがらを学んだ。
(1) 単振動

【練習問題の解答】

(1) × 第1節式（6・2）参照：$T = \dfrac{2\pi}{\omega}$

(2) ○

〔参考〕 表—1は，力学に関する基本的な単位
表—2は，SI接頭語
表—3は，本編で使用している単位

表―1　　　　　　　　　力学に関する基本的な単位

| 量 | 名　　称 | 記号 | 10の整数乗倍の選択 |
|---|---|---|---|
| 長さ | メートル | m | km, cm, mm, $\mu$m, nm |
| 面積 | 平方メートル | $m^2$ | $km^2$, $cm^2$, $mm^2$ |
| 体積 | 立方メートル | $m^3$ | $dm^3$, $cm^3$, $mm^3$ |
| 平面角 | ラジアン | rad | mrad, $\mu$rad |
| 立体角 | ステラジアン | sr | |
| 時間 | 秒 | s | ks, ms, $\mu$s, ns |
| 速度及び早さ | メートル毎秒 | m/s | |
| 角速度 | ラジアン毎秒 | rad/s | |
| 加速度* | メートル毎秒毎秒 | $m/s^2$ | |
| 角加速度 | ラジアン毎秒毎秒 | $rad/s^2$ | |
| 質量 | キログラム | kg | Gg, g, mg, $\mu$g |
| 密度 | キログラム毎立方メートル | $kg/m^3$ | $g/cm^3$ |
| 運動量 | キログラムメートル毎秒 | kg・m/s | |
| 角運動量及び運動量のモーメント | キログラム立方メートル毎秒 | $kg・m^2/s$ | |
| 慣性モーメント | キログラム平方メートル | $kg・m^2$ | |
| 力 | ニュートン | N | MN, kN, mN, $\mu$N |
| 力積 | ニュートン秒 | N・s | |
| トルク及び力のモーメント | ニュートンメートル | N・m | MN・m, kN・m, mN・m, $\mu$N・m |
| 圧力 | パスカル | Pa | GPa, MPa, kPa, hPa, mPa, $\mu$Pa |
| 応力 | パスカル | Pa | GPa, MPa, kPa |
| 熱力学的温度 | ケルビン | K | |
| エネルギー及び仕事 | ジュール | J | TJ, GJ, MJ, kJ, mJ |
| 動力及び仕事率 | ワット | W | GW, MW, kW, mW, $\mu$W |
| 回転半径 | メートル | m | |
| 回転数及び回転速さ | 回毎秒 | 1/s | |
| 振動数及び周波数 | ヘルツ | Hz | THz, GHz, MHz, kHz |
| 角振動数 | ラジアン毎秒 | rad/s | |
| 周期 | 秒 | s | ms, $\mu$s |
| 波長 | メートル | m | |
| 波数 | 毎メートル | 1/m | |

＊耐震設計においては，Gal（ガル，1Gal=$10^{-2}$m/$s^2$）が使用されている．

(機械工学SIマニュアル　日本機械学会編)

表—2　　　　　　　　　　　SI接頭語

| 倍数 | 接頭語 | 記号 | 倍数 | 接頭語 | 記号 |
|---|---|---|---|---|---|
| $10^{18}$ | エクサ | E | $10^{-1}$ | デシ | d |
| $10^{15}$ | ペタ | P | $10^{-2}$ | センチ | c |
| $10^{12}$ | テラ | T | $10^{-3}$ | ミリ | m |
| $10^{9}$ | ギガ | G | $10^{-6}$ | マイクロ | $\mu$ |
| $10^{6}$ | メガ | M | $10^{-9}$ | ナノ | n |
| $10^{3}$ | キロ | k | $10^{-12}$ | ピコ | p |
| $10^{2}$ | ヘクト | h | $10^{-15}$ | フェムト | f |
| $10^{1}$ | デカ | da | $10^{-18}$ | アト | a |

表—3　　　　　　　　　本編で使用している単位

| 質 | 単位記号 | SI基本単位による表示 | 備考 |
|---|---|---|---|
| 長さ | m | | |
| 面積 | $m^2$ | | |
| 平面角 | rad | | °　′　″も使ってよい |
| 時間 | s | | min, h, dも使ってよい |
| 質量 | kg | | tも使ってよい |
| 力 | N | $m \cdot kg \cdot s^{-2}$ | |
| 力のモーメントおよびトルク | $N \cdot m$ | $m^2 \cdot kg \cdot s^{-2}$ | |
| 慣性モーメント | $kg \cdot m^2$ | | |
| 面積の慣性モーメント | $m^4$ | | |
| 回転半径 | m | | |
| 速度および速さ | m／s | | m／min, km／hなども使ってよい |
| 加速度 | $m/s^2$ | | |
| 角速度 | rad／s | | |
| 角加速度 | $rad/s^2$ | | |
| 回転数 | $s^{-1}$ | | rpmも使ってよい |
| 運動量 | $kg \cdot m$／s | | |
| 力積 | $N \cdot s$ | $m \cdot kg \cdot s^{-2}$ | |
| 仕事・エネルギー | J ($N \cdot m$) | $m^2 \cdot kg \cdot s^{-3}$ | |
| 動力，工率 | W (J／s) | $m^2 \cdot kg \cdot s^{-3}$ | |
| 振動数 | Hz | $s^{-2}$ | |

（注）　例えば$m \cdot kg \cdot s^{-2}$は，$m \cdot kg/s^2$のことである。

# 第6編 流体の基礎

　流体とは，液体と気体をいい，ここではそれらの性質について，圧力と流体が流れるときの各性質について学習する。

## 第1章 流体の性質

学習の目標
　この章では，気体と液体の性質と圧力や流速の測定方法について学習する。

### 第1節 圧　力

---
学習のねらい

　ここでは，次のことがらについて学ぶ。
　(1)　圧力の単位　　(2)　圧力の伝達
　(3)　圧力の測定　　(4)　浮力

---

学習の手びき
圧力と浮力に関する要点を理解すること。

### 第2節　流路および流体抵抗

---
学習のねらい

　ここでは，次のことがらについて学ぶ。
　(1)　層流と乱流　　(2)　流体摩擦

---

学習の手びき

流体の抵抗を理解すること。

## 第3節　流体中の物体抵抗

---学習のねらい---
ここでは，流体中の物体の受ける抵抗について学ぶ。

学習の手びき

物体の形により抵抗が異なることを理解すること。

## 第4節　翼と揚力

---学習のねらい---
ここでは，翼と揚力について学ぶ。

学習の手びき

流体の流速と圧力の関係を理解すること。

## 第5節　流速および流量の測定

---学習のねらい---
ここでは，次のことがらについて学ぶ。
(1)　流速
(2)　流量の測定

学習の手びき

流速と流量の測定方法を理解すること。

第 6 編　流体の基礎

第 1 章の学習のまとめ

この章では，流体の性質について次のことがらを学んだ。

(1) 圧力
(2) 流路および流体抵抗
(3) 流体中の物体抵抗
(4) 翼と揚力
(5) 流速および流量の測定

【練習問題の解答】

(1) ○
(2) ○
(3) ×　第 4 節参照：圧力は低くなる。

# 第7編 熱の基礎

熱について,温度の単位と熱の性質および熱が各材料について及ぼす影響について学習する。

## 第1章 熱

**学習の目標**
この章では,熱の性質について学習する。

### 第1節 温度

---
学習のねらい

ここでは,次のことがらについて学ぶ。
(1) セ氏温度　(2) 絶対温度
(3) カ氏温度　(4) 温度目盛

---

学習の手びき
温度表示の種類を理解すること。

### 第2節 融点と沸点

---
学習のねらい

ここでは,融点と沸点について学ぶ。

---

**学習の手びき**

融点と沸点を理解すること。

## 第3節　熱　膨　張

---
**学習のねらい**

ここでは，次のことがらについて学ぶ。

(1)　固体の膨張

(2)　液体の膨張

(3)　気体の膨張

---

**学習の手びき**

固体，液体，気体の熱膨張を理解すること。

## 第4節　熱の単位

---
**学習のねらい**

ここでは，次のことがらについて学ぶ。

(1)　熱量

(2)　比熱

(3)　融解熱と気化熱

---

**学習の手びき**

温度と熱量との関係を理解すること。

## 第5節　熱の伝わり方

──学習のねらい──
ここでは，次のことがらについて学ぶ。
(1) 熱放射
(2) 熱伝導，熱伝達
(3) 対流

学習の手びき

熱の伝わり方を理解すること。

## 第6節　各種材料の熱的性質

──学習のねらい──
ここでは，次のことがらについて学ぶ。
(1) 断熱材
(2) 耐火れんが

学習の手びき

各種材料の熱の伝わり方を理解すること。

第1章の学習のまとめ

この章では，熱について次のことがらを学んだ。
(1) 温度
(2) 融点と沸点
(3) 熱膨張
(4) 熱の単位
(5) 熱の伝わり方

(6) 各種材料の熱的性質

【練習問題の解答】

（1）　○　1990年国際温度目盛では，絶対温度の０度は－273.15℃と定められたが，一般に工学的には小数点以下は省略する。

（2）　×　第１節図７－１参照：図７－１のＦの目盛は１目盛２度であることに注意すること。

（3）　○

（4）　○

# 第8編　電気の基礎

電気について，その用語とその意味および電流が流れたときの現象について学習する。

## 第1章　電気用語

**学習の目標**
この章では，電気用語として用いる言葉の意味と用法について学習する。

### 第1節　電　流

---
**学習のねらい**
　ここでは，電流について学ぶ。

---

**学習の手びき**
電流に関する要点を理解すること。

### 第2節　電　圧

---
**学習のねらい**
　ここでは，電圧について学ぶ。

---

**学習の手びき**
電圧に関する要点を理解すること。

## 第3節　電気抵抗

> **学習のねらい**
> ここでは，電気抵抗について学ぶ。

**学習の手びき**

電気抵抗に関する要点を理解すること。

## 第4節　電　　力

> **学習のねらい**
> ここでは，電力について学ぶ。

**学習の手びき**

電力に関する要点を理解すること。

## 第5節　効　　率

> **学習のねらい**
> ここでは，効率について学ぶ。

**学習の手びき**

効率に関する要点を理解すること。

**第1章の学習のまとめ**

この章では，電気について次のことがらを学んだ。

(1)　電流
(2)　電圧

(3) 電気抵抗

(4) 電力

(5) 効率

【練習問題の解答】

(1) ○　直列抵抗はそれぞれを加えるとよい。

(2) ×　第3節参照：並列抵抗は下式で求める。

$$\frac{1}{R}=\frac{1}{20}+\frac{1}{20}+\frac{1}{20}=\frac{4}{20}=\frac{1}{5}$$

$$R=5 \text{（オーム）}$$

(3) ×　第4節参照：電力量である。

(4) ○

# 選択　指導書編

# 第1編 機 械 要 素

　機械要素とは，機械を構成し，あるいは作動させるための部材である。通常，機械本体に各種の部品を取り付けて機械は成り立っているが，その部品そのもの，あるいは，それらの部品を固定したり，動かしたりする各種の部品がある。
　本編では，これらの機械要素について学習する。

## 第1章　ねじおよびねじ部品

学習の目標
　この章では，ねじに関する基本事項，ねじの原理，ねじの種類および各種のねじ部品について学習する。

### 第1節　ねじの原理

---学習のねらい---
ここでは，次のことがらについて学ぶ。
(1)　ねじのつる巻き線
(2)　リードとピッチ
(3)　右ねじと左ねじ
(4)　ねじの呼び径，山の角度および有効径

学習の手びき
　ねじが，幾何学的要素によって形成されることを理解すること。

## 第2節　ねじ山の種類と用途

―学習のねらい――

ここでは，次のことがらについて学ぶ。

(1) ねじ山の形状（三角ねじ，台形ねじ，ボールねじ，角ねじ，のこ刃ねじ，その他）

(2) ねじの精度

(3) メートルねじの公差方式

学習の手びき

ねじの種類，用途およびねじ精度について理解すること。

## 第3節　ねじ部品

―学習のねらい――

ここでは，次のことがらについて学ぶ。

(1) ボルトの種類と用途

(2) ナットの種類と用途

(3) 小ねじ類

(4) インサート

学習の手びき

いろいろなねじ部品について理解すること。

## 第4節 座 金

> ─ 学習のねらい ─
> ここでは，次のことがらについて学ぶ。
> (1) 座金の種類と用途
> (2) ねじ部品のまわり止め

学習の手びき
座金の種類，用途およびねじのまわり止めについて理解すること。

第1章の学習のまとめ
この章では，ねじおよびねじ部品について次のことがらを学んだ。
(1) ねじの原理
(2) ねじの基礎
(3) ねじ部品
(4) 座金

【練習問題の解答】
(1) ○
(2) ×　第1節1.3参照：ねじを切った円筒の直径をいう。
(3) ×　第2節2.1参照：角ねじではなく，台形ねじが使われる。
(4) ○
(5) ×　第3節3.1参照：ねじ先は，平先とする。
(6) ○

# 第2章　締結用部品

**学習の目標**

締結用部品は，ねじとともに重要な機械要素である。
この章ではキー，ピン，止め輪，リベットおよび軸と穴の結合方法について学習する。

## 第1節　キ　　　ー

---
**学習のねらい**

ここでは，次のことがらについて学ぶ。
(1)　キーの種類（平行キー，こう配キー，半月キー）
(2)　キーと軸・ハブとの関係
(3)　各種のキー

---

**学習の手びき**

キーの種類，用途について理解すること。

## 第2節　ピ　　　ン

---
**学習のねらい**

ここでは，次のことがらについて学ぶ。
(1)　平行ピン
(2)　テーパピン
(3)　割りピン
(4)　溝付きスプリングピン

---

学習の手びき

ピンの種類と，それぞれの用途について理解すること。

## 第3節　止　め　輪

― 学習のねらい ―

ここでは，止め輪について学ぶ。

学習の手びき

止め輪について理解すること。

## 第4節　リベット

― 学習のねらい ―

ここでは，リベットについて学ぶ。

学習の手びき

リベットの種類と継手について理解すること。

## 第5節　軸と穴の結合方法

― 学習のねらい ―

ここでは，軸と穴を結合する方法について学ぶ。

学習の手びき

軸と穴の結合方法について理解すること。

第2章の学習のまとめ

この章では，締結用部品について次のことがらを学んだ。

(1) キー

(2) ピン

(3) 止め輪

(4) リベット

(5) 軸と穴の結合方法


【練習問題の解答】

（1）　○

（2）　×　第1節1.3参照：軸に対して中間ばめ，ハブに対してすきまばめとする。

（3）　○

（4）　×　第2節2.2参照：1／50

（5）　○

（6）　○

# 第3章 伝動用部品

**学習の目標**

この章では，いろいろな伝動部品と伝動機構について学習する。

## 第1節 軸

---
**学習のねらい**

ここでは，次のことがらについて学ぶ。

(1) 軸
(2) スプライン
(3) セレーション

---

**学習の手びき**

伝動軸の種類，スプライン，セレーションについて理解すること。

## 第2節 軸継手

---
**学習のねらい**

ここでは，次のことがらについて学ぶ。

(1) 固定軸継手
(2) たわみ軸継手
(3) 自在軸継手

---

**学習の手びき**

軸継手の種類と特徴について理解すること。

## 第3節　クラッチおよび制動機構

> **学習のねらい**
>
> ここでは，次のことがらについて学ぶ。
> (1)　クラッチ
> (2)　制動機構

**学習の手びき**

クラッチとブレーキの機能を理解し，それぞれの種類，用途について理解すること。

## 第4節　摩擦車

> **学習のねらい**
>
> ここでは，摩擦力を利用して運動を伝達する摩擦車について学ぶ。

**学習の手びき**

摩擦車の種類と変速の概要について理解すること。

## 第5節　流体継手

> **学習のねらい**
>
> ここでは，流体継手について学ぶ。

**学習の手びき**

流体継手の概要について理解すること。

## 第6節　ベルトおよびベルト車

---
**学習のねらい**

ここでは，次のことがらについて学ぶ。

(1)　ベルト（平ベルト，Ｖベルト）

(2)　ベルト車

(3)　ベルトによる機構

---

学習の手びき

ベルトの種類，ベルト駆動の特徴について理解すること。

## 第7節　チェーンおよびスプロケット

---
**学習のねらい**

ここでは，チェーン伝動について学ぶ。

---

学習の手びき

チェーンおよびチェーン伝動の特徴について理解すること。

## 第8節　カ　　ム

---
**学習のねらい**

ここでは，次のことがらについて学ぶ。

(1)　カムの種類

(2)　カムの輪郭とカム線図

---

学習の手びき

カムの種類とカム線図について理解すること。

## 第9節　リンク機構

> **学習のねらい**
> 
> ここでは，次のことがらについて学ぶ。
> (1) 4節リンク機構　　(2) 4節リンク機構の変形

学習の手びき

リンクの基本形と，リンク装置の機構，条件について理解すること。


第3章の学習のまとめ

この章では，伝動用部品について次のことがらを学んだ。

(1) 軸
(2) 軸継手
(3) クラッチおよび制動機構
(4) 摩擦車
(5) 流体継手
(6) ベルトおよびベルト車
(7) チェーンおよびスプロケット
(8) カム
(9) リンク機構

【練習問題の解答】

(1) ×　第1節1.1参照：主としてねじりモーメントが働く。
(2) ○
(3) ×　第3節3.1参照：両方向に回転を伝えることができる。
(4) ×　第6節6.2図1—71参照：Vプーリの直径に応じて34°，36°，38°にする。
(5) ○
(6) ×　第8節8.1参照：カムは回転，従動体が直線運動をする。
(7) ○

# 第4章 軸　　受

**学習の目標**
この章では，軸受の分類，構造および潤滑法の概要について学習する。

## 第1節　滑り軸受

---
**学習のねらい**

ここでは，次のことがらについて学ぶ。
(1) 滑り軸受の種類
(2) 滑り軸受用材料
(3) 滑り軸受の潤滑
(4) 滑り軸受の用途と特徴

---

**学習の手びき**
滑り軸受の特徴および潤滑法について理解すること。

## 第2節　転がり軸受

---
**学習のねらい**

ここでは，次のことがらについて学ぶ。
(1) 転がり軸受の構造
(2) 転がり軸受の種類と用途
(3) 転がり軸受の呼び番号
(4) 転がり軸受の精度・動定格荷重の計算と寿命
(5) 転がり軸受の取付け
(6) 転がり軸受の潤滑

---

学習の手びき

転がり軸受の構造，分類，呼び番号などについて理解すること。

なお，転がり軸受の種類は非常に多いので，選択に当たってはJISを参照すること。

第4章の学習のまとめ

この章では，軸受について次のことがらを学んだ。

(1) 滑り軸受

(2) 転がり軸受

【練習問題の解答】

(1)　×　第1節1.4参照：線接触ではなく，面接触をする。

(2)　×　第2節2.2参照：深溝形より軽荷重のところに使う。

(3)　○

(4)　○

(5)　×　第2節2.5参照：内輪をしまりばめとする。

# 第5章 歯　　車

学習の目標
この章では，機械要素として重要な歯車の基本的事項について学習する。

## 第1節　歯車の種類

---
学習のねらい

ここでは，次のことがらについて学ぶ。
(1) 平行軸歯車（平歯車，はすば歯車，やまば歯車，内歯車，ラック）
(2) 交差軸歯車（すぐばかさ歯車，冠歯車，まがりばかさ歯車）
(3) 食違い軸歯車（ねじ歯車，ハイポイドギヤ，ウォームギヤ）

---

学習の手びき
歯車の種類，形状について理解すること。

## 第2節　歯車各部の名称

---
学習のねらい

ここでは，次のことがらについて学ぶ。
(1) 標準基準ラック歯形
(2) 円筒歯車
(3) はすば歯車
(4) かさ歯車およびウォームギヤ

---

学習の手びき
それぞれの歯車の各部の特徴について理解すること。

## 第3節　歯車の歯形

---
**学習のねらい**

ここでは，次のことがらについて学ぶ．

(1) 歯形の条件

(2) インボリュート歯形

(3) サイクロイド歯形

---

学習の手びき

歯形の条件と歯形曲線について概略を理解すること．

## 第4節　歯形の修整

---
**学習のねらい**

ここでは，次のことがらについて学ぶ．

(1) 歯形修整とクラウニング　　(2) 標準歯車と転位歯車

---

学習の手びき

歯形の修整方法および歯車の転位について概略を理解すること．

## 第5節　歯車装置

---
**学習のねらい**

ここでは，次のことがらについて学ぶ．

(1) 歯車の速度比

(2) 変速歯車装置

(3) 遊星歯車装置

---

## 学習の手びき
歯車の速度比や，変速歯車装置，遊星歯車装置の概要について理解すること。

## 第5章の学習のまとめ
この章では，歯車について次のことがらを学んだ。
(1) 歯車の種類
(2) 歯車各部の名称
(3) 歯車の歯形
(4) 歯形の修整
(5) 歯車装置

## 【練習問題の解答】
(1) ×　第1節1.1参照：はすば歯車は軸方向に推力を生じるが，やまば歯車は推力を生じない。

(2) ○　第2節2.1参照：$d=mZ$ より $Z=\dfrac{d}{m}=\dfrac{300}{10}=30$

(3) ×　第4節4.1参照：クラウニングという。

(4) ○　計算式：速度比 $=\dfrac{\text{駆動歯車の歯数の積}}{\text{被動歯車の歯数の積}}=\dfrac{20\times 30}{40\times 60}=\dfrac{6}{24}=\dfrac{1}{4}$

　　　　したがってDは25回転する。

(5) ○

# 第6章 ば ね

**学習の目標**
この章では，ばねの概要について学習する。

## 第1節 ばねの種類と用途

―― 学習のねらい ――
ここでは，次のことがらについて学ぶ。
(1) 圧縮・引張コイルばね
(2) ねじりコイルばね
(3) 重ね板ばね

**学習の手びき**
ばねの種類，用途について理解すること。

## 第2節 ばねの力学

―― 学習のねらい ――
ここでは，次のことがらについて学ぶ。
(1) ばね定数
(2) ばねと振動

**学習の手びき**
ばねの力学について概略を理解すること。

## 第3節　ばねの設計基準

――学習のねらい――
ここでは，ばねの設計基準のJISについて学ぶ。

学習の手びき
JISのばね設計基準の概略を理解すること。

第6章の学習のまとめ
この章では，ばねについて次のことがらを学んだ。
(1) ばねの種類と用途
(2) ばねの力学
(3) ばねの設計基準

【練習問題の解答】
(1) ○
(2) ○
(3) ×　第2節2.2参照：ばねにサージング現象が生じるのは，繰返し荷重のような外力が作用するとき，その繰返し数とコイルばねのもつ固有振動数が一致するとき，ばねは共振を起こして，うねりのように波立つサージング現象となるのである。

# 第7章 配管用品

## 学習の目標
この章では，管，管継手，ガスケットおよびシール材などの基本的事項について学習する。

## 第1節 管

―― 学習のねらい ――

ここでは，次のことがらについて学ぶ。

(1) 鋼管　(2) 鋳鉄管

(3) 非鉄金属管　(4) 非金属管

**学習の手びき**

各種管の性質と用途について概略を理解すること。

## 第2節 管継手

―― 学習のねらい ――

ここでは，次のことがらについて学ぶ。

(1) フランジ形管継手

(2) ねじ込み形管継手

(3) 伸縮自在管継手

**学習の手びき**

管継手の構造，用途について概略を理解すること。

## 第3節　バルブおよびコック

---
**学習のねらい**

ここでは，次のことがらについて学ぶ。

(1)　バルブ

(2)　コック

---

学習の手びき

バルブ，コックの種類，構造および用途について概略を理解すること。

## 第4節　ガスケットおよびシール材

---
**学習のねらい**

ここでは，次のことがらについて学ぶ。

(1)　フランジ用ガスケット

(2)　ねじ込み用ガスケット

---

学習の手びき

配管の漏れ止めに用いられるガスケットの種類や特徴について概略を理解すること。

### 第7章の学習のまとめ

この章では，次のことがらについて学んだ。

(1)　管

(2)　管継手

(3)　バルブおよびコック

(4)　ガスケットおよびシール材

【練習問題の解答】

(1) ○
(2) ○
(3) ×　第2節2.2参照：可鍛鋳鉄製である。
(4) ×　第3節3.1参照：流体の通路を弁体で垂直に遮断して流れを仕切る。
(5) ○
(6) ○

# 第8章　潤滑および密封装置

学習の目標

この章では，潤滑の目的，潤滑剤および運動部分の密封装置について学習する。

## 第1節　潤滑と摩擦

---
学習のねらい

ここでは，次のことがらについて学ぶ。
(1) 潤滑の目的
(2) 潤滑の原理

---

学習の手びき

摩擦，摩耗と潤滑の目的を理解すること。

## 第2節　潤滑剤

---
学習のねらい

ここでは，次のことがらについて学ぶ。
(1) 潤滑油
(2) グリース
(3) 固体潤滑剤

---

学習の手びき

潤滑剤の適性と用途について理解すること。

## 第3節　密封装置と密封用品

---
**学習のねらい**

ここでは，次のことがらについて学ぶ。

(1)　密封装置

(2)　Oリング

(3)　オイルシール

(4)　パッキン

---

学習の手びき

回転や往復など運動部分の漏れ止めと，これに用いる密封用品について理解すること。


第8章の学習のまとめ

この章では，次のことがらについて学んだ。

(1)　潤滑と摩擦

(2)　潤滑剤

(3)　密封装置と密封用品


【練習問題の解答】

(1)　〇

(2)　×　第2節2.1参照：タービン，送風機，圧縮機などのほか，工作機械や油圧機械の潤滑や作動油としても使われている。

(3)　〇

(4)　×　第3節3.1参照：パッキンではなく，ガスケットである。

(5)　〇

# 第2編　機械工作法

　機械部品の製作方法を大別すると，鋳造や鍛造などのように，金属を冶金技術によって成形する方法と，各種の工作機械を使ったり，手作業によって加工する方法がある。
　本編では，これらの工作法とともに，加工する製品を測定検査する方法などについて学習する。

## 第1章　鋳造作業

学習の目標
　この章では，鋳造作業の基礎となる鋳物の製作工程，鋳造方法，鋳物部品の設計製図上の留意事項について学習する。

### 第1節　鋳　造　法

---
学習のねらい
ここでは，次のことがらについて学ぶ。
(1) 鋳物が多く使用される理由
(2) 原型と鋳型
(3) 砂型鋳造法
(4) シェル型法
(5) ロストワックス法
(6) ダイカスト鋳造法
(7) 遠心鋳造法
(8) その他の鋳造法（低圧鋳造法，ガス型法）

---

学習の手びき

　鋳造法における要点の概略を理解し，縮みしろ，鋳物尺，仕上げしろ，抜きこう配，中子の用語の意味を概略理解すること。

## 第2節　鋳物部品の設計製図上の留意事項

> ─ 学習のねらい ─
>
> ここでは，次のことがらについて学ぶ。
> (1)　鋳物製品の材質
> (2)　鋳物に生じやすい不良
> (3)　鋳物部品設計の基本

学習の手びき

鋳物部品の設計，製図を行うときの要点を概略理解すること。


第1章の学習のまとめ

この章では，鋳造作業について次のことがらを学んだ。

(1)　鋳造法
(2)　鋳物部品の設計製図上の留意事項


【練習問題の解答】

(1)　○
(2)　×　第1節1.1参照：縮みしろの分だけ寸度が伸びている。
(3)　○
(4)　×　第1節1.5参照：鉄合金の鋳造はできない。
(5)　○

# 第2章　板金作業と手仕上げ作業

学習の目標

　この章では，板金および手仕上げについて，作業の種類，使用工具の種類と用途について学習する。

## 第1節　板　金　作　業

---学習のねらい---

　ここでは，次のことがらについて学ぶ。
(1)　加工工程
(2)　板取りと切断
(3)　機械による板金加工（曲げ加工，プレス加工，絞り加工）

---

学習の手びき

　板金作業における要点と，板取りの方法および機械による板金加工について概略を理解すること。

## 第2節　手仕上げ作業

---学習のねらい---

　ここでは，手仕上げ作業の種類について学ぶ。

---

学習の手びき

　手仕上げ作業の要点について概略を理解すること。

## 第3節　板金および手仕上げ作業用工具

---
**学習のねらい**

ここでは，次のことがらについて学ぶ。
(1) けがき用工具（レイアウトマシンを含む）
(2) 手仕上げ用工具

---

学習の手びき
板金および手仕上げ作業用工具の種類と用途について概略を理解すること。


第2章の学習のまとめ
この章では，板金作業と手仕上げ作業について次のことがらを学んだ。
(1) 板金作業
(2) 手仕上げ作業
(3) 板金および手仕上げ作業用工具


【練習問題の解答】
(1) ×　第1節1.1参照：この方法は型取りで，板取りは，この型板を使って材料に所要の形状を描くことである。
(2) ×　第1節1.3参照：プレスブレーキは，薄板をアングル状に曲げるときに使う。
(3) ○
(4) ×　第2節2.1参照：たがねを使う。
(5) ○
(6) ○
(7) ○

# 第3章 塑性加工

**学習の目標**

　この章では，塑性加工の意味，鍛造，圧延加工，引抜き加工，押出し加工，プレス加工，転造，圧造について学習する。

## 第1節　鍛　　造

---
**学習のねらい**

　ここでは，次のことがらについて学ぶ。
- (1) 鍛造の特徴
- (2) 材料と温度
- (3) 自由鍛造
- (4) 型鍛造

---

**学習の手びき**

　鍛造作業について概略を理解すること。

## 第2節　圧延加工

---
**学習のねらい**

　ここでは，圧延加工について学ぶ。

---

**学習の手びき**

　圧延加工について概略を理解すること。

## 第3節　引抜き加工

> **学習のねらい**
> ここでは，引抜き加工について学ぶ。

学習の手びき

引抜き加工について概略を理解すること。

## 第4節　押出し加工

> **学習のねらい**
> ここでは，押出し加工について学ぶ。

学習の手びき

押出し加工について概略を理解すること。

## 第5節　プレス加工

> **学習のねらい**
> ここでは，プレス加工について学ぶ。

学習の手びき

プレス加工について概略を理解すること。

## 第6節　転　　造

> **学習のねらい**
> ここでは，転造について学ぶ。

学習の手びき

転造について概略を理解すること。

## 第7節　圧　　造

---
**学習のねらい**

ここでは，圧造について学ぶ。

---

学習の手びき

圧造について概略を理解すること。


第3章の学習のまとめ

この章では，塑性加工について次のことがらを学んだ。

(1)　鍛造

(2)　圧延加工

(3)　引抜き加工

(4)　押出し加工

(5)　プレス加工

(6)　転造

(7)　圧造


【練習問題の解答】

(1)　×　第3章前文参照：金属の可塑性を利用する。

(2)　○

(3)　○

(4)　○

# 第4章 工作機械

**学習の目標**

　この章では，工作機械の一般的な事項，すなわち刃物と工作物との間にはどのような運動が行われるか，工具はどのようなものか，工作機械の種類と用途などについて，また，部品の設計製図を行うとき，機械加工について留意しなければならないことも学習する。

## 第1節　工作機械一般

―学習のねらい―

　ここでは，次のことがらについて学ぶ。

(1) 工作機械の運動

(2) 工作機械の備えるべき条件

(3) 切削工具の種類と用途

(4) 数値制御と工作機械

**学習の手びき**

　工作機械について理解すること。

## 第2節　各種工作機械

―学習のねらい―

　ここでは，次のことがらについて学ぶ。

(1) 旋盤

(2) フライス盤

(3) 形削り盤

(4) 平削り盤

(5) 立て削り盤

(6) 研削盤

(7) ボール盤

(8) 中ぐり盤

(9) ブローチ盤

(10) 放電加工機

(11) その他の工作機械（ホーニング盤，ホブ盤，彫刻機，転造機，電解加工機）

学習の手びき

工作機械の種類と用途を理解すること。

## 第3節　機械加工と設計製図上の留意事項

── 学習のねらい ──

ここでは，次のことがらについて学ぶ。

(1) 部品形状と精度

(2) 安全性

学習の手びき

部品を機械加工により製作する場合の設計製図上の留意事項を理解すること。

第4章の学習のまとめ

この章では，工作機械について次のことがらを学んだ。

(1) 工作機械一般

(2) 各種工作機械

(3) 機械加工と設計製図上の留意事項

【練習問題の解答】

(1) ○
(2) ○
(3) × 第1節1.3参照:一般には複雑な外周などを加工するときに使う。
(4) × 第1節1.3参照:118°より小さくする。
(5) × 第1節1.3参照:研削といしの硬さは,結合度によってきまる。
(6) ○
(7) × 第2節2.1参照:テーブルは垂直軸によって水平に回転する。
(8) ○
(9) ○
(10) ○ 第2節2.6図2—107(b)参照
(11) × 第2節2.8参照:大形工作物の加工に適する。

# 第5章 工 作 測 定

学習の目標
この章では，各種の測定器具とその使用方法および各種の測定方法について学習する。

## 第1節　測定および検査

――学習のねらい――
　ここでは，測定および検査について学ぶ。

学習の手びき
検査と測定の目的を理解すること。

## 第2節　測　定　器

――学習のねらい――
　ここでは，次のことがらについて学ぶ。
　(1)　ブロックゲージ
　(2)　ノギス
　(3)　マイクロメータ
　(4)　限界ゲージ
　(5)　ダイヤルゲージ
　(6)　精密定盤
　(7)　三次元座標測定機

学習の手びき
測定器具の種類，用途について概略を理解すること。

## 第3節　測定方法

---
**学習のねらい**

ここでは，次のことがらについて学ぶ。

(1) 長さの測定

(2) 角度の測定

(3) 幾何偏差の測定

(4) ねじの測定

(5) 歯車の測定

(6) 表面粗さおよびうねりの測定

---

学習の手びき

各種測定方法についての概略を理解すること。


第5章の学習のまとめ

この章では，工作測定について次のことがらを学んだ。

(1) 測定および検査

(2) 測定器

(3) 測定方法


【練習問題の解答】

(1) ○

(2) ×　第2節2.3参照：0.002mm

(3) ×　第3節3.2参照：$\sin\theta = \dfrac{H}{L}$

(4) ○

# 第3編　材料試験

　材料試験は，使用する材料の性質を知るためのもので，大別すると試験片を作って材料を破壊する方法と，製品の良否を判定するために，製品を破壊しないで行う非破壊試験がある。ここではこの二つの方法について学習する。

## 第1章　機械試験

学習の目標
この章では，主として試験片を用いる試験方法について学習する。

### 第1節　引張試験方法

```
― 学習のねらい ―
　ここでは，引張試験方法について学ぶ。
```

学習の手びき
金属材料引張試験片の種類と引張強さの求め方を理解すること。

### 第2節　曲げ試験方法

```
― 学習のねらい ―
　ここでは，次のことがらについて学ぶ。
　(1)　曲げ試験方法
　(2)　抗折試験方法
```

学習の手びき

曲げ試験方法と抗折試験方法を理解すること。

## 第3節　硬さ試験方法

> ― 学習のねらい ―
>
> ここでは，次のことがらについて学ぶ。
> (1) ロックウェル硬さ試験方法
> (2) ショア硬さ試験方法
> (3) ブリネル硬さ試験方法
> (4) ビッカース硬さ試験方法

学習の手びき

各種の硬さ試験方法を理解すること。

## 第4節　衝撃試験方法

> ― 学習のねらい ―
>
> ここでは，次のことがらについて学ぶ。
> (1) シャルピー衝撃試験方法
> (2) アイゾット衝撃試験方法

学習の手びき

衝撃試験方法を理解すること。


第1章の学習のまとめ

この章では，機械試験について次のことがらを学んだ。
(1) 引張試験方法
(2) 曲げ試験方法

(3) 硬さ試験方法
(4) 衝撃試験方法

【練習問題の解答】

(1) ○
(2) ○
(3) ○ 第1章第4節4.1シャルピー衝撃試験方法と，4.2アイゾット衝撃試験方法の衝撃値の違いを知ること。

# 第2章　非破壊試験方法

**学習の目標**

この章では，製品に直接行える試験方法である非破壊試験方法について学習する。

## 第1節　超音波探傷試験方法

---
**学習のねらい**

ここでは，超音波探傷試験方法について学ぶ。

---

**学習の手びき**

原理とどのような欠陥の発見に用いるのかを理解すること。

## 第2節　磁粉探傷試験方法

---
**学習のねらい**

ここでは，磁粉探傷試験方法について学ぶ。

---

**学習の手びき**

原理とどのような欠陥の発見に用いるのかを理解すること。

## 第3節　浸透探傷試験方法

---
**学習のねらい**

ここでは，次のことがらについて学ぶ。
(1) 染色浸透探傷試験方法　　(2) けい光浸透探傷試験方法

---

学習の手びき

原理とどのような欠陥の発見に用いるのかを理解すること。

## 第4節　放射線透過試験方法

---
学習のねらい

ここでは，次のことがらについて学ぶ。

(1)　X線透過試験方法

(2)　γ線透過試験方法

---

学習の手びき

どのような欠陥の発見に用いるのかを理解すること。

## 第5節　抵抗線ひずみ計による応力測定

---
学習のねらい

ここでは，抵抗線ひずみ計による応力測定について学ぶ。

---

学習の手びき

抵抗線の性質と用途を理解すること。


第2章の学習のまとめ

この章では，非破壊試験方法について次のことがらを学んだ。

(1)　超音波探傷試験方法

(2)　磁粉探傷試験方法

(3)　浸透探傷試験方法

(4)　放射線透過試験方法

(5)　抵抗線ひずみ計による応力測定

【練習問題の解答】

（1）○

（2）×　第2節参照：主として表面の欠陥の発見に用いる。

（3）○

# 第4編 原動機

　原動機は，熱エネルギーを機械的エネルギーに変換する装置である。ここでは原動機および水力機械，空気機械について学習する。

## 第1章 蒸気原動機

学習の目標
この章では，蒸気原動機の種類および用途について学習する。

### 第1節 ボイラ

```
―― 学習のねらい ――
　ここでは，ボイラの分類について学ぶ。
```

学習の手びき
ボイラについて概略を理解すること。

### 第2節 蒸気タービン

```
―― 学習のねらい ――
　ここでは，蒸気タービンについて学ぶ。
```

学習の手びき
タービンについて概略を理解すること。

第1章の学習のまとめ

この章では,蒸気原動機について次のことがらを学んだ。

(1) ボイラ

(2) 蒸気タービン

【練習問題の解答】

(1) ×　第1節参照:丸ボイラは小容量ボイラである。

(2) ○

# 第2章　内燃機関

**学習の目標**
この章では，内燃機関の種類および用途について学習する。

## 第1節　内燃機関の種類

――― 学習のねらい ―――
ここでは，内燃機関の種類について学ぶ。

**学習の手びき**
内燃機関について概略を理解すること。

## 第2節　ピストン機関

――― 学習のねらい ―――
ここでは，ピストン機関について学ぶ。

**学習の手びき**
ピストン機関について概略を理解すること。

## 第3節　ロータリー機関

――― 学習のねらい ―――
ここでは，ロータリー機関について学ぶ。

学習の手びき
ロータリー機関について概略を理解すること。

## 第4節　ガスタービン

―学習のねらい―
ここでは，ガスタービンについて学ぶ。

学習の手びき
ガスタービンについての概略を理解すること。

## 第5節　ジェットエンジン

―学習のねらい―
ここでは，ジェットエンジンについて学ぶ。

学習の手びき
ジェットエンジンについて概略を理解すること。

第2章の学習のまとめ
この章では，内燃機関について次のことがらを学んだ。
(1)　内燃機関の種類
(2)　ピストン機関
(3)　ロータリー機関
(4)　ガスタービン
(5)　ジェットエンジン

【練習問題の解答】
(1)　○
(2)　○

# 第3章 水力機械

学習の目標

この章では,水力機械の種類および用途について学習する。

## 第1節 ポンプ

―― 学習のねらい ――

ここでは,次のことがらについて学ぶ。

(1) うず巻ポンプ
(2) 軸流ポンプ
(3) 往復ポンプ
(4) 回転ポンプ

学習の手びき

ポンプの種類と用途について概略を理解すること。

## 第2節 水車

―― 学習のねらい ――

ここでは,次のことがらについて学ぶ。

(1) ペルトン水車
(2) フランシス水車
(3) プロペラ水車

学習の手びき

水車の種類と用途について概略を理解すること。

第3章の学習のまとめ

この章では，水力機械について次のことがらを学んだ。

(1) ポンプ

(2) 水車

【練習問題の解答】

（1） ×　第1節1.2参照：揚程のきわめて低い場合に適している。

（2） ○

# 第4章 空気機械

**学習の目標**

この章では，空気機械の種類および用途について学習する。

## 第1節 送風機および圧縮機

---
**学習のねらい**

ここでは，送風機および圧縮機について学ぶ。

---

**学習の手びき**

送風機および圧縮機について概略を理解すること。

## 第2節 真空ポンプ

---
**学習のねらい**

ここでは，真空ポンプについて学ぶ。

---

**学習の手びき**

真空ポンプについて概略を理解すること。

**第4章の学習のまとめ**

この章では，空気機械について次のことがらを学んだ。
(1) 送風機および圧縮機
(2) 真空ポンプ

【練習問題の解答】

(1) ○

(2) ○

# 第5編　電気機械器具

　電気機械器具には多くのものがあるが，ここでは，そのうち主なものとして，電動機，発電機，変圧器，開閉器（スイッチ），蓄電池，継電器（リレー）について学習する。

## 第1章　電気機械器具の使用方法

学習の目標
この章では，電気機械器具の一般的使用方法について学習する。

### 第1節　電　動　機

---学習のねらい---
　ここでは，電動機について学ぶ。

学習の手びき
電動機について理解すること。

### 第2節　発　電　機

---学習のねらい---
　ここでは，発電機について学ぶ。

学習の手びき
発電機について理解すること。

## 第3節　変　圧　器

― 学習のねらい ―
ここでは，変圧器について学ぶ。

学習の手びき

変圧器について理解すること。

## 第4節　開　閉　器

― 学習のねらい ―
ここでは，次のことがらについて学ぶ。
(1)　ナイフスイッチ
(2)　箱開閉器
(3)　配線用遮断器
(4)　ヒューズ

学習の手びき

開閉器の種類と用途を理解すること。

## 第5節　蓄　電　池

― 学習のねらい ―
ここでは，蓄電池について学ぶ。

学習の手びき

蓄電池について理解すること。

## 第6節　継電器（リレー）

---
**学習のねらい**

ここでは，次のことがらについて学ぶ。

(1)　有接点リレー

(2)　無接点リレー

---

学習の手びき

継電器の種類と用途について理解すること。


第1章の学習のまとめ

この章では，電気機械器具の使用方法について次のことがらを学んだ。

(1)　電動機

(2)　発電機

(3)　変圧器

(4)　開閉器

(5)　蓄電地

(6)　継電器（リレー）


【練習問題の解答】

(1)　○　インバータが開発されたので広く用いられるようになった。

(2)　○

(3)　○

(4)　×　第6節6.1参照：有接点リレーは，小電流のリレーに用いられる。

# 第6編　機械製図とJIS規格

　製図について，すでに共通教科書第1編で，製図総則をはじめとする日本工業規格による基本的，一般的事項について学んだ。
　機械製図には，この，すでに学んだ規格から出発して，さらに具体的な規格JIS B 0001があるが，この規格は2000年に改正された。
　本編では，この機械製図に直接関連する規格について学習する。

## 第1章　機械製図

学習の目標

　この章では，「製図総則」と関連して，部門別規格としての「機械製図」（JIS B 0001）とその関連規格と，一般的な事項について学習する。

### 第1節～第4節

---
学習のねらい

　ここでは，次のことがらについて学ぶ。
(1)　図面の大きさおよび様式
(2)　尺度
(3)　線および文字
(4)　投影法

---

学習の手びき

　共通教科書第1編の製図一般と対比させながら，それぞれの項目について理解すること。

## 第5節～第6節

――― 学習のねらい ―――
ここでは，次のことがらについて学ぶ。
(1) 投影図の表し方
(2) 断面図の示し方
(3) 図形の省略
(4) 特殊な図示方法
(5) 寸法記入方法その他

学習の手びき

共通教科書と対応して,「機械製図」の内容をよく理解すること。この第5節と第6節の内容は，図面を作成するときに必ず守らなければならない事項なのでよく理解すること。

## 第7節　ＣＡＤ製図

――― 学習のねらい ―――
ここでは，次のことがらについて学ぶ。
(1) 用語
(2) 線と文字
(3) 投影法
(4) 形状の表し方
(5) 寸法記入法
(6) アイコンと材料表示パターン

学習の手びき

ＣＡＤ製図のＪＩＳ規格の内容について理解すること。

第1章の学習のまとめ

この章では，次のことがらを学んだ。

(1) 図面の大きさ
(2) 尺度
(3) 線および文字
(4) 投影法
(5) 図形の表し方
(6) 寸法の表し方
(7) CAD製図

【練習問題の解答】

(1) ×　第3節3.1表6―8参照：細い実線を用いる。
(2) ○
(3) ×　第5節5.1参照：対象物の穴，溝など一局部だけの形を図示するとき。
(4) ○
(5) ○
(6) ×　第7節7.2参照：9：1：1：1とする。

# 第2章　機械製図に必要な関連規格

**学習の目標**

本編第1章ではJIS B 0001機械製図を主体として記述してあるが，第2章は，寸法や形状の精度に関する規格について述べる。

JISでは，現在約8,400の規格があり，各規格は5年ごとに見直しされている。そのため，JISの使用に当たっては，最新のものを使用する必要がある。

図面は，設計製図者・製作者の間，発注者・受注者の間などで，必要な情報を完全に伝えるものである。規格などに精通して，完全な図面を描かなければならない。

## 第1節　寸法公差およびはめあいの方式

―学習のねらい―

ここでは，次のことがらについて学ぶ。
(1) 公差，寸法差およびはめあいの基礎
(2) 基準寸法の区分
(3) 公差等級と基本公差
(4) 公差域の位置と公差域クラス
(5) 公差付き寸法の表示
(6) はめあい方式
(7) 寸法許容差と表の見方
(8) 長さ寸法と角度寸法の許容限界記入方法
(9) 普通公差

**学習の手びき**

寸法公差とはめあいに関する規格を理解して，その記入方法をよく理解すること。

## 第2節　面の肌の図示方法

──学習のねらい──
ここでは，次のことがらについて学ぶ。
(1)　表面粗さ
(2)　面の肌の図示方法

学習の手びき

表面粗さと面の肌の図示方法について，理解すること。

表面粗さを表すパラメータとして，JISはISOとの整合性を図って，従来の3種類から6種類を採用している。

本節では算術平均粗さ（$Ra$），最大高さ（$Ry$），十点平均粗さ（$Rz$）の3種類を述べ，残りの凹凸の平均間隔（$Sm$），局部山頂の平均間隔（$S$），負荷長さ率（$tp$）の3種類については一級で記述している。これらのすべてのパラメータは，電子工学の発達により，ディジタル形の触針表面粗さ測定器で容易に直読することができる。

従来用いられていた仕上げ記号（▽，〜など）は，1994年の改正で，JISの附属書から削除されて廃止された。以後新規の図面には用いることはできない。

## 第3節　幾何公差の図示方法

──学習のねらい──
ここでは，次のことがらについて学ぶ。
(1)　幾何公差とその適用
(2)　幾何公差の図示方法
(3)　普通幾何公差

学習の手びき

幾何公差の定義と表示を理解し，公差の図示方法を理解すること。

1998年の改正で幾何特性という用語が使われており，表示方式も一部従来と異なるので注意すること。

幾何公差は，機能的要求，部品の互換性などに基づいて不可欠のところだけに適用する。適用する場合には，当然検査体制が整備されていなければならない。

## 第4節　寸法と幾何特性との相互依存性

---学習のねらい---
ここでは，次のことがらについて学ぶ。
(1)　包絡の条件
(2)　最大実体公差方式

学習の手びき

包絡の条件と最大実体公差方式について理解し，その図面指示法を理解すること。

〔参考〕

包絡線：中心線から等距離にある点の軌跡（教科書第3節3.2表6—27の5輪郭度公差参照）。

## 第5節　円すい公差方式

---学習のねらい---
ここでは，円すい公差方式について学ぶ。

学習の手びき

円すい公差方式について理解すること。

第2章の学習のまとめ

この章では，機械製図に関連する規格について次のことがらを学んだ．

(1) 寸法公差およびはめあいの方式
(2) 面の肌の図示方法
(3) 幾何公差の図示方法
(4) 寸法と幾何特性との相互依存性
(5) 円すい公差方式

【練習問題の解答】

(1) ○
(2) ○
(3) ×　第1節1.1参照：すきまばめではなく，中間ばめである．
(4) ×　第1節1.4参照：穴は大文字，軸は小文字．
(5) ×　第1節1.6参照：穴基準はめあい．
(6) ○
(7) ○
(8) ○
(9) ×　第1節1.9表6—19参照：精級をさしている．
(10) ×　第2節2.2参照：パラメータ記号$Ra$を添え書きしない．
(11) ○
(12) ×　第2節2.2(5)参照：一部異なる場合．
(13) ○
(14) ×　第3節3.1(2)表6—25参照：平行度を表す．
(15) ○
(16) ○

# 第3章 機械要素の製図

学習の目標

この章では,ねじ,歯車などの機械要素について学習する。

## 第1節 ねじ製図

---
学習のねらい

ここでは,次のことがらについて学ぶ。

(1) 通則
(2) 簡略図示方法
(3) ねじの表し方

---

学習の手びき

ねじの図示とねじの表し方をよく理解すること。

1998年の改正で,JIS B 0002製図—ねじ及びねじ部品は,第1部通則,第2部ねじインサート,第3部簡略図示方法の3部構成になっている。

第2部ねじインサートは,一級で記述している。

改正JISにおいて,特にねじ端面から見た図が従来の図示と,また,ねじ呼びの指示も異なるので注意が必要である。

## 第2節 歯車製図

---
学習のねらい

ここでは,次のことがらについて学ぶ。

(1) 歯車の図示方法
(2) 各種歯車の図示

(3) かみあう歯車の図示

学習の手びき

歯車製図をよく理解すること。

## 第3節　ばね製図

―― 学習のねらい ――

ここでは，次のことがらについて学ぶ。

(1) コイルばねの図示方法

(2) 重ね板ばねの図示方法

(3) トーションバー，竹の子ばね，渦巻ばね，皿ばねの図示方法

学習の手びき

ばね製図をよく理解すること。

## 第4節　転がり軸受製図

―― 学習のねらい ――

ここでは，転がり軸受の簡略図示方法について学ぶ。

学習の手びき

転がり軸受製図をよく理解すること。

第3章の学習のまとめ

この章では，機械要素の製図規格について次のことがらを学んだ。

(1) ねじ製図

(2) 歯車製図

(3) ばね製図

(4) 転がり軸受製図

【練習問題の解答】

(1) ×　第1節1.1参照：谷底は細い実線。
(2) ○
(3) ○
(4) ○
(5) ×　第1節1.1参照：記号LHは左ねじを表す。
(6) ×　第1節1.3表6—32参照：ＵＮＣはユニファイ並目ねじ。
(7) ×　第2節2.1参照：細い一点鎖線で描く。
(8) ○
(9) ○
(10) ○
(11) ×　第4節表6—34参照：単列深溝玉軸受を表す。

# 第4章　特殊な部分の製図および記号

## 学習の目標
この章では，センタ穴の図示方法と油圧，空気圧用図記号について学習する。

## 第1節　センタ穴の図示方法

> **学習のねらい**
> ここでは，センタ穴の図示方法について学ぶ。

**学習の手びき**

センタ穴の図示方法をよく理解すること。

## 第2節　油圧および空気圧用図記号

> **学習のねらい**
> ここでは，油圧および空気圧用図記号について学ぶ。

**学習の手びき**

油圧，空気圧用図記号を理解すること。

**第4章の学習のまとめ**

この章では，特殊な部分の製図および記号について次のことがらを学んだ。

(1)　センタ穴の図示方法
(2)　油圧および空気圧用図記号

【練習問題の解答】

（1） ○

（2） ×　第2節表6—41の7-1参照：空気圧モータを表す。

（3） ○

二級技能士コース
機械・プラント製図科　教科書・選択〔指導書〕

平成 2 年 9 月25日　初版発行
平成12年10月10日　改訂版発行

編集者　雇用・能力開発機構
　　　　職業能力開発総合大学校　能力開発研究センター

発行者　財団法人　職業訓練教材研究会
　　　　東京都新宿区戸山 1 ―15―10　電話 03（3202）5671

　　　編者・発行者の許諾なくして，本教科書に関する自習書・解説書
　　　もしくはこれに類するものの発行を禁ずる。